**Beihefte der "Zeitschrift für hygienische Zoologie"**

Heft 1

# Die Spuren der Gesundheits- und Wohnungsschädlinge in ihrer Bedeutung für Schädlingskunde und Schädlingsbekämpfung

von

Dr. Heinrich Kemper
wissenschaftlichem Mitglied der Preuss. Landesanstalt für Wasser-,
Boden- und Lufthygiene, Zool. Abt., Berlin-Dahlem

mit 71 Abb.

1941

DUNCKER & HUMBLOT · BERLIN NW 7

# Inhaltsverzeichnis

|   |   | Seite |
|---|---|---|
| 1. | Allgemeine Vorbemerkungen | 5 |
| 2. | Körperreste | 8 |
| 3. | Hautreaktionen als Folge von Gliedertierstichen und -bissen | 11 |
| 4. | Fraßspuren und Bohrlöcher | 18 |
|   | a) an Textilwaren, Pelzen und Federn | 18 |
|   | b) an Papier | 26 |
|   | c) an Leder | 28 |
|   | d) an verarbeitetem Holz | 29 |
|   | e) an Lebensmitteln | 35 |
|   | f) an Metall | 41 |
|   | g) an sonstigen Stoffen | 44 |
| 5. | Kotspuren | 45 |
| 6. | Eihüllen | 51 |
| 7. | Larvenhäute (Exuvien) | 56 |
| 8. | Gespinste | 58 |
| 9. | Puppenhäute und Puppenköcher | 59 |
| 10. | Kriech- und Laufspuren | 63 |
| 11. | Erdbaue und Nester | 65 |
| 12. | Töne und Geräusche als Befallsanzeichen | 67 |
| 13. | Geruchspuren | 68 |
|   | Verzeichnis der zitierten Literatur | 69 |
|   | Verzeichnis der berücksichtigten Tiere | 73 |

## 1. Allgemeine Vorbemerkungen

Gleich nach Erscheinen meines Aufsatzes über die Spuren von Gesundheits- und Wohnungsschädlingen in der Zeitschrift für hygienische Zoologie (Jg. 32, S. 1—37) ist mir von verschiedenen Seiten bestätigt worden, daß meine Zusammenstellung einem Bedürfnis der Praxis entgegenkommt, und es wurde mir geraten, die Arbeit noch zu erweitern und sie als selbständiges Beiheft einem größeren Leserkreis zugänglich zu machen. Ich danke dem Verlag, daß er es mir ermöglichte, die seit vielen Jahen von mir gesammelten Beobachtungen und die zerstreut in der Fachliteratur niedergelegten Mitteilungen über dieses Thema in der hier vorliegenden Form zu veröffentlichen.

Die vorliegende Arbeit will in erster Linie all denjenigen ein Helfer und Berater sein, die sich in irgend einer Weise praktisch mit Schädlingsplagen zu befassen haben.

Jeder, der sich ernstlich um die richtige Beurteilung sowie um die Abwehr und Beseitigung einer von tierischen Gesundheits- und Wohnungsschädlingen verursachten Plage bemüht, weiß, daß es in allen Fällen zunächst einmal wichtig ist, den Urheber derselben zu kennen. Denn jede Tierart hat ja ihre besondere Lebensweise, und wer diese unberücksichtigt läßt, wird bei seinen Bekämpfungsmaßnahmen in der Regel keinen Erfolg erzielen können. Werden lebende oder tote Schädlinge gefunden, so ist es erforderlich, diese — wenn irgendmöglich bis auf die Art — richtig zu bestimmen oder durch einen Spezialisten bestimmen zu lassen. Nun ist es aber, weil die meisten Schädlinge lichtscheu sind und sich geschickt zu verstecken pflegen, häufig nicht leicht und manchmal überhaupt nicht möglich, den Urheber der Plage aufzufinden. In diesen Fällen lassen oft die von den Tieren hinterlassenen Spuren den Plageerreger erkennen. Das gilt vor allem für jene Arten, die auf bestimmten Entwicklungsstadien im Innern fester Substanzen leben, wie beispielsweise die Holzschädlinge, und deren Vorhandensein nur schwer festzustellen wäre, wenn die Tiere nicht durch ihre Fraßtätigkeit deutbare Merkzeichen hinterließen.

Das Auffinden solcher Spuren kann zunächst dem Schädlingsbekämpfer (Kammerjäger) gute Dienste leisten, der das Befallensein oder Nichtbefallensein einer Wohnung, eines Lagerraumes, eines Möbelstückes oder eines Warenpostens festzustellen hat oder die Stelle des Hauptbefalles ausfindig machen und die Stärke des Befalles beurteilen soll. Geradezu unentbehrlich sind die genaue Beachtung und sorgfältige Auswertung der Spuren aber immer dann, wenn die Plage aus irgendeinem Grunde (z. B. infolge einer Bekämpfungsmaßnahme) bereits erloschen ist und wenn über sie dann noch nachträglich Näheres ausgesagt werden soll, wie es oft von Gerichtssachverständigen erwartet wird.

Aber auch dann, wenn die Schädlinge selbst gefunden worden sind, wenn also kein Zweifel über die Urheberschaft der Plage mehr besteht, sollte der Praktiker stets genau auf die hinterlassenen Spuren achten, weil diese ihm manches über die Lebensgewohnheiten der betreffenden Schädlingsart, z. B. über die bevorzugten Schlupfwinkel, die Ernährung und die Stellen, an denen die Verpuppung oder die Eiablage erfolgte, verraten und ihm dadurch mit Hinblick auf die im jeweiligen Falle am meisten geeigneten Abwehr- und Bekämpfungsmaßnahmen wertvolle Fingerzeige geben können.

Der Begriff Spur ist hier sehr weit gefaßt und schließt alles ein, was die betreffenden Schädlinge im Laufe ihrer Entwicklung, hauptsächlich durch ihre Fraßtätigkeit, an erkennbaren und deutbaren Anzeichen hinterlassen. Aber es werden von diesen Anzeichen im nachfolgenden nur solche berücksichtigt, die auch für den rein praktisch arbeitenden Bekämpfungsfachmann von Bedeutung sind oder werden können, weil sie in der Regel mit hinreichender Sicherheit zu bestimmen sind und weil sie sich verhältnismäßig oft und leicht auffinden lassen. Es wäre ja, um ein Beispiel zu nennen, für den Praktiker überflüssig zu wissen, wie die Eihüllen von Flöhen oder die Kotspuren von Flohlarven im einzelnen aussehen, denn er wird diese im Kehricht und dergleichen doch nur schwerlich finden und wohl auch niemals zu suchen genötigt sein, und wer sich vielleicht als Gutachter doch einmal mit solchen selten auffindbaren Spuren befassen muß, der wird dann zur Speziallliteratur greifen müssen und Hinweise dazu in dem am Schluß gebrachten Schriftenverzeichnis finden.

Über die Frage, an welchen Stellen man mit Aussicht auf Erfolg nach Spuren suchen soll, läßt sich wenig allgemein Gültiges sagen. Für sie ist das verschiedenartige biologische und ökologische Verhalten der einzelnen Schädlinge entscheidend. Hat man eine bestimmte Art in Verdacht, so werde man sich — nötigenfalls unter Heranziehung der Fachliteratur — darüber klar, welche Stellen als Aufenthaltsort oder als Versteck von den betreffenden Tieren bevorzugt werden, und hier wird man dann oft die verschiedenartigsten Spuren (Kot, Eihüllen, Puppenhäute und dergleichen) zusammen finden. Zu beachten ist dabei aber, daß manche Arten für verschiedene Lebensfunktionen, z. B. für die Eiablage und für die Verpuppung sowie für ihr Dasein auf den einzelnen Entwicklungsstadien, an ihre nähere Umgebung verschiedenartige Ansprüche stellen, und in solchen Fällen wird man beispielsweise die Eihüllen, die Kotspuren und die Fraßbilder jeweils an verschiedenen Stellen zu suchen haben. Im nachfolgenden sind in den meisten Fällen die wichtigeren der in Betracht kommenden Fundstellen mit angegeben. Aber es ließen sich doch nicht immer alle Einzelheiten berücksichtigen.

Wer mit Erfolg nach Spuren suchen will, muß schon wenigstens das Wichtigste über die Biologie und die Ökologie der Tiere wissen. Andererseits glaube ich nun aber, wie schon angedeutet, daß sich gerade das Aufsuchen und Auffinden von Spuren sehr dazu eignen, den Blick für Einzelheiten im biologischen und ökologischen Verhalten der Tiere zu schärfen und daß der biologische und ökologische gut geschulte Blick nicht nur für den Schädlingskundigen, sondern auch für den rein praktisch arbeitenden Schädlingsbekämpfer sehr wertvoll und in manchen Fällen sogar unumgänglich notwendig ist.

Um nun aber doch einige allgemein gültige Ratschläge für das Aufsuchen von Spuren zu geben, sei folgendes gesagt: Die meisten schädlichen Gliedertiere sind wenigstens auf ihrem Larvenstadium lichtscheu und haben das Bestreben, ihren Körper möglichst allseitig mit festen Gegenständen in Berührung zu bringen (Tigmotaxis). Infolgedessen findet man sie und damit auch die von ihnen hinterlassenen Spuren — sofern nicht das Nährsubstrat selbst ihnen Dunkelheit und passende Hohlräume bietet — am leichtesten in dunklen Ecken und Ritzen. In Lagerräumen und Mühlen wird man meistens guten Erfolg bei sorgfältiger Untersuchung der „Eckenreste" haben, und in Wohnräumen untersuche man vor allem die Dielenritzen an wenig betretenen Stellen des Fußbodens und die Hohlräume hinter den Scheuerleisten, Wandtäfelungen, Tür- und Fensterrahmen. In wichtigen Fällen ist es manchmal erforderlich, diese abzunehmen, meistens wird es aber genügen, sie ein wenig zu lockern und das hinter ihnen sitzende Material mit einem gebogenen, vorteilhaft am Ende mit Watte oder lockeren Wollfäden umwickelten Drahtstück o. ä. behutsam herauszukratzen oder herauszuwischen.

Die geschlechtsreifen Tiere sind bei vielen Arten im Gegensatz zu den Larven wenigstens zeitweise lichtstrebig und die Reste ihrer Körperhaut, sowie Kotspuren und sonstige Anzeichen von ihnen sind deshalb oft am leichtesten auf Fensterbänken zu finden. Beachtung verdienen auch die Spinnengewebe, weil in ihnen sehr häufig Körperreste, Exuvien oder sonstige Spuren von Schädlingen zu finden sind.

Als Handwerkzeug für das Auffinden und die Entnahme von Schädlingsspuren benötigt man:
1. eine gute Taschenlampe, möglichst eine solche, bei der der Lichtkegel verstellbar und auf eine kleine Stelle zu konzentrieren ist,
2. eine gute, etwa 10-fach vergrößernde Lupe,
3. eine feste und eine weiche („Uhrfeder"-) Pinzette, um die oft recht zarten Gebilde (z. B. Exuvien und Kotbrocken) von der Unterlage abheben zu können, ohne sie zu zerbrechen und zu deformieren,
4. ein scharfes Messer, um beispielsweise Kotflecken mitsamt der näheren Umgebung aus der Unterlage herausschneiden zu können (für diesen Zweck ist in vielen Fällen eine Rasierklinge gut geeignet),
5. eine Anzahl von verschiedenen großen Blechschachteln oder kräftigen Glastuben mit Korkstopfen, um verschiedenartiges Material (z. B. Fraßstücke, Kokons usw.) für die spätere genaue Untersuchung mitnehmen zu können,
6. einen kleinen feinhaarigen Pinsel, um beispielsweise Bohrmehl oder Kotbröckchen zusammenwischen und aus Ritzen herausschaffen zu können,
7. einige Drahtstücke von verschiedener Dicke (siehe oben),
8. ein Notizbuch, in das alle näheren Umstände, unter denen die Spuren gefunden wurden, gleich an Ort und Stelle eingeschrieben werden,

9. kleine **Etiketten** zur Bezeichnung der entnommenen Proben,
10. **Watte**, um empfindliche Proben innerhalb der Blechschachteln oder Glastuben gegen Beschädigungen auf dem Transport zu schützen.

Jeder Schädlingsbekämpfer sollte bei seinen Arbeiten täglich, namentlich aber dann, wenn er eine Wohnungs- oder Lagerraumuntersuchung vorzunehmen hat, die genannten Gegenstände mit sich führen. In vielen Fällen benötigt er natürlich auch noch eine Reihe von größeren Werkzeugen, z. B. dann, wenn Scheuerleisten oder Rohrverschalungen abzunehmen oder wenn Dachbalken auf Holzbockbefall zu untersuchen sind.

Die genaue **Bestimmung der Spuren** ist in vielen Fällen nur mit Hilfe des Mikroskops und deshalb nicht an Ort und Stelle möglich. Häufig erfordert sie die Hinzuziehung von größeren Vergleichsmaterialserien, wie sie einige Auskunftsinstitute, z. B. die **Preußische Landesanstalt für Wasser-, Boden- und Lufthygiene, Berlin-Dahlem**, in ihren Sammlungen zur Verfügung haben. Wenn solches Vergleichsmaterial zur Hand ist, kann in manchen Fällen durch die Untersuchung im ultravioletten Licht, d. h. mit Hilfe der **Quarz-Analysenlampe**, bequem eine genügend sichere Bestimmung erzielt werden.

Wer als Nichtspezialist eine Auskunftsstelle in Anspruch nehmen will, sende die entsprechenden Proben in hinreichender Menge und so ein, daß sie auf dem Transport nicht beschädigt oder verändert werden können, und er beschreibe genau die Stellen und alle näheren Umstände, an bzw. unter denen sie gefunden wurden.

Zu beachten ist stets folgendes: Die Fundstellen und -umstände sind für die richtige Deutung einer Spur in manchen Fällen noch wichtiger als das Aussehen und die sonstige Beschaffenheit derselben. Man bemühe sich stets — und besonders dann, wenn man ein Gutachten für gerichtliche Zwecke zu erstatten hat —, möglichst viele Spuren aufzufinden und zu untersuchen oder untersuchen zu lassen, weil in biologischen Dingen immer mit Abweichungen vom Normalen zu rechnen ist und weil infolgedessen die Auswertung eines zu wenig umfangreichen Materials, z. B. eines einzelnen Fraßbildes oder einiger weniger Kotbrocken, leicht zu falschen Schlußfolgerungen führen kann. Häufig ist es für die richtige Beurteilung einer noch vorhandenen oder bereits erloschenen Plage wichtig oder gar unerläßlich, die einzelnen Arten von Spuren, also z. B. Eihüllen und Kotspuren der betreffenden Art, auch ihrer Anzahl nach möglichst genau festzustellen und miteinander in Vergleich zu setzen. Beispiele dafür sind unten bei der Besprechung der Kotspuren der Bettwanze gebracht.

## 2. Körperreste

Die Reste von toten Schädlingen lassen in vielen Fällen noch eine einwandfreie Bestimmung der betreffenden Art zu, auch wenn es sich nur um kleine Teilstücke handelt. Sehr günstig ist in dieser Hinsicht, daß die Gliederfüßler, mit denen wir es ja meistens zu tun haben, als Körperoberfläche den **Chitinpanzer** besitzen, der

Fäulnisbakterien und auch Tierfraß nur sehr schwer zum Opfer fällt und auch gegen mechanische Einflüsse (Zerreiben, Zerdrücken) recht widerstandsfähig ist, und der somit nach Absterben der Tiere und nach Zerfall der Körpergewebe wenigstens in Bruchstücken in der Form und meistens auch in der Färbung sehr lange erhalten bleibt.

An Teilstücken findet man von den Imagines der Insekten am häufigsten die **Flügel**. Die Deckflügel von Käfern sind an ihrer Form, Färbung und Oberflächenstruktur gewöhnlich leicht und mit Sicherheit zu bestimmen, und die Flügel von Fliegen, Mücken u. a. lassen sich in der Regel auf Grund einer Untersuchung des Adernverlaufes richtig deuten.

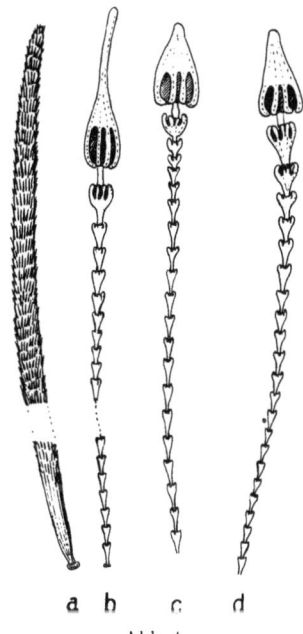

Abb. 1.
a) Gewöhnliches Körperhaar von Anthrenus scrophulariae.
b) Pfeilhaar von A. scrophulariae. c) von A. verbasci.
d) von Trogoderma granarium.

Aber auch einzelne **Kopfkapseln**, die von den toten Larven vieler Insekten am längsten erhalten bleiben, und auch einzelne Körperringe, vor allem das Körperhinterende, sowie Fühler und Beine genügen oft, um die Art, von der sie stammen, zu erkennen.

Die **Haare von Ratten und Mäusen**, die recht oft als Spuren dieser Schädlinge an scharfen Rändern von engen Durchschlupföffnungen gefunden werden können, sind als solche an der Anordnung der Schuppen nach der Literatur (z. B. nach dem Tierhaar-Atlas von Friedenthal) zu erkennen.

Auch **Borsten und Haare**, sowie **Körperschuppen von Insekten** haben in einigen Fällen eine so charakteristische

Form, daß sie zur Bestimmung der betreffenden Art oder doch der Gattung ausreichen. Das gilt vor allem für die sogenannten Pfeilhaare der Anthrenus larven, die man an den Fraßorten derselben, d. h. in der Nähe von Schadstellen in Wollgeweben u. dgl., gar nicht selten finden kann. Sie stehen einzeln hauptsächlich an den hinteren Segmenträndern und außerdem als 3 Paar dichter, normalerweise nach hinten angelegter Büschel an der Rückenseite der letzten Hinterleibsringe und können von den Tieren (bei Gefahr oder in Erregung) willkürlich aufgerichtet werden. Wie ihr Name andeutet, tragen sie am Ende eine Art Pfeilspitze (Abb. 1 u. 2). Sie sind über die ganze Länge fein gekerbt, brechen infolgedessen leicht ab und bleiben dann, meistens in größeren oder kleineren Büscheln vereinigt, an rauhen Flächen, z. B. an Textilstoffen, haften.

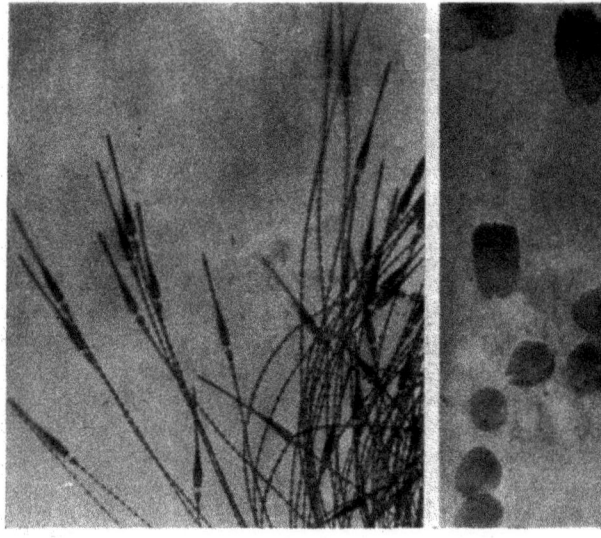

Abb. 2.    Abb. 3.

Abb. 2.
Pfeilhaare des Teppichkäfers (Anthrenus scrophulariae). (Mikrophot.)

Abb. 3.
Körperschuppen des Silberfischchens (Mikrophot.)

Werden sie dort in der Nähe einer Schadstelle gefunden, so kann dies, wenn Anzeichen anderer in Frage kommender Schädlinge, z. B. der Kleidermotte fehlen, als ein ziemlich sicherer Beweis dafür angesehen werden, daß Anthrenuslarven die Übeltäter waren. Auch die übrigen, wesentlich dickeren und größtenteils auch viel längeren Körperborsten der Anthrenuslarven zeigen eine artspezifische Ausbildung. Ähnlich geformte Körperborsten und Pfeilhaare trägt die Larve des nahe verwandten, als arger Schädling in Getreide-, Malz- und anderen vegetabilischen Vorräten auch bei uns hin und wieder auftretenden Khaprakäfers (Trogoderma granarium).

Wie aus Abb. 1 zu ersehen ist, lassen sich die Pfeilhaare des Teppichkäfers (Anthrenus scrophulariae) an ihrer Form, insbesondere an der weit längeren und schlankeren, oft etwas gekrümmten Spitze mit voller Sicherheit von denen des Kabinettkäfers (Anthrenus verbasci) und des Khaprakäfers unterscheiden. Überdies sind sie dunkelbraun bis schwarz gefärbt, während jene hellbraun erscheinen. Die Pfeilhaare der beiden letztgenannten Arten sind sich so weitgehend ähnlich, daß ihre Unterscheidung nur auf Grund einer sehr eingehenden Untersuchung bei starker Vergrößerung möglich ist, zumal die äußere Form der Haare ein- und derselben Larve größeren Schwankungen unterworfen ist. Eine solche Unterscheidung ist in der Praxis aber wohl auch kaum jemals erforderlich, da sich ja die beiden Arten hinsichtlich ihrer Nahrungsauswahl und damit auch hinsichtlich ihres Vorkommens weitgehend voneinander unterscheiden. Eine sehr genaue Beschreibung der verschiedenen Haare von Anthrenus scrophulariae verdanken wir Vogler (1896) und einige weitere Angaben über die Haare der gleichen Art sowie von A. verbasci finden sich in der Arbeit von Kunike (1938).

Weiterhin mögen hier noch die Schuppen erwähnt werden, mit denen fast die ganze Oberfläche des Silberfischchens (Lepisma saccharina) bedeckt ist. Auch sie werden leicht abgestreift und deshalb bei hinreichend genauer Untersuchung vielfach an den Fraßstoffen des Tieres, z. B. an Papier, gestärkter Wäsche u. a. (s. weiter unten) gefunden. Es handelt sich bei ihnen um kleine, silbergrau gefärbte, oft perlmutterartig glänzende Gebilde, die immer eine feine Längsstreifung aufweisen und die z. T. ähnlich den Fischschuppen mehr rundlich, z. T. länglich geformt, aber in der Regel doch noch relativ breiter sind als die Schuppen von Schmetterlingen (vgl. Abb. 3).

Die oben erwähnten Bestimmungen sind größtenteils nur dem Spezialisten auf Grund einer genauen, meist mikroskopischen Untersuchung und zum Teil nur unter Heranziehung von Vergleichsmaterial möglich. Es scheint mir daher nicht notwendig und angebracht zu sein, im vorliegenden Büchlein, das sich hauptsächlich an den Praktiker wendet, näher, als es geschehen ist, darauf einzugehen.

## 3. Hautreaktionen als Folge von Gliedertierstichen oder -bissen

Es ist eine allgemein bekannte Tatsache, daß die Stiche oder Bisse, die von bestimmten Gliedertierarten zur Selbstverteidigung in der Notwehr oder zum Zwecke des Blutsaugens dem Menschen zugefügt werden, auf der Haut desselben in den meisten Fällen mehr oder weniger deutlich sichtbare und auch fühlbare Reaktionen auslösen, die darauf zurückzuführen sind, daß die Tiere beim Stich oder Biß von ihren Speicheldrüsen oder von besonderen Giftdrüsen gelieferte Sekrete in die Haut einspritzen. Wie wir auf Grund der Untersuchungen verschiedener Autoren (z. B. Hase 1926 u. 1929, Hecht 1929, 1930 u. 1933, Kemper 1929 u. 1930) wissen, sind die Beschaffenheit und Stärke dieser Hautreaktionen, die oft etwas unkorrekt einfach als „Insektenstiche" bezeichnet werden, nicht allein von der Art des betreffenden Schädlings, sondern weitgehend auch von mehreren andern Faktoren abhängig. Unter diesen spielt die **Reaktionsbereitschaft des Stichempfängers** die größte Rolle. Einige Menschen sind dauernd oder nur zeitweilig gegenüber dem Gift einer oder mehrerer Gliedertierarten völlig immun, und andere reagieren infolge einer ihnen eigenen besonderen Disposition übernormal stark und mit atypischen Erscheinungen. Auch die **Dauer der Reaktion** und die sog. **Latenzzeit**, d. i. der zeitliche Abstand zwischen dem Einstich der betreffenden Tiere und dem Beginn der Hauterscheinungen, sind weitgehenden Schwankungen unterworfen. Zu berücksichtigen ist fernerhin, daß die Stichfolgen nach anfänglichem Abklingen (oder auch völligem Verschwinden) zu einem späteren Zeitpunkt — hauptsächlich des Abends und Nachts infolge der Bettwärme — verstärkt oder erneut wieder fühlbar und sichtbar werden können, und daß nicht selten bei entsprechend veranlagten Menschen irgendwelche anderen Ursachen (z. B. Ernährungsfaktoren) lokal begrenzte Juckreize und auch sichtbare Hautreaktionen auslösen, die von den durch Insekten verursachten Erscheinungen nicht zu unterscheiden sind.

Aus dem oben Gesagten ist zu entnehmen, daß es niemals möglich ist, nur auf Grund der Untersuchung eines „Insektenstiches" den Urheber mit voller Sicherheit anzugeben, wie oft von Ärzten oder Entomologen erwartet wird. Dennoch erscheint es mir angebracht, im nachfolgenden die „normalen" Hautreaktionen auf die Stiche der häufigeren Plageerreger vergleichend gegenüberzustellen, denn aus dieser Gegenüberstellung wird sich in der Regel doch der Kreis der als Urheber in Frage kommenden Tierarten weitgehend einengen und bei sorgfältiger Berücksichtigung aller vorliegenden zeitlichen und örtlichen Verhältnisse die in Betracht kommende Art auch mit ziemlicher Sicherheit angeben lassen.

Zu berücksichtigen sind hier als besonders häufig die folgenden Stichwirkungen:

1. Die **Entzündung größeren Umfanges**, die sich in einer starken Rötung, einem Glänzendwerden der Haut, sowie einer deutlichen Temperaturerhöhung an der betreffenden Stelle und meistens einem heftigen Schmerz („Brennen") äußert.

2. **Der heftige (brennende oder bohrende) Schmerz**, der beim Einstich einiger Insektenarten oder doch kurz darauf zu fühlen ist. Er ist zu unterscheiden von dem nur schwachen, „prickelnden" und vorübergehend immer nur kurze Zeit dauernden Schmerz, den wohl alle Menschen, auch diejenigen, die sonst gegen das Gift des entsprechenden Schädlings unempfindlich sind, in einigen, aber nicht in allen Fällen spüren und den wohl alle stechenden Arten in manchen, aber nicht in sämtlichen Fällen auslösen.

3. Die **Quaddel**, d. i. eine flache, in der Regel linsen- bis talergroße, gewöhnlich rundliche, oft aber auch ganz unregelmäßig umgrenzte Anschwellung, die im Vergleich zur umgebenden

Haut blasser erscheint, die sich oft schon gegen das Ende des Saugaktes, manchmal aber erst mehrere Stunden oder gar Tage nach Beendigung desselben, um die Einstichstelle bildet, die bis zur Erreichung ihrer größten Ausdehnung ziemlich scharf umgrenzt ist und dann im Laufe von etwa 30 Minuten bis mehreren Stunden wieder flacher wird und ihre Blässe verliert. Sie ist in der Regel von einem r o t e n H o f (E r y t h e m) umgeben und mit typischem J u c k r e i z verbunden (Abb. 4).

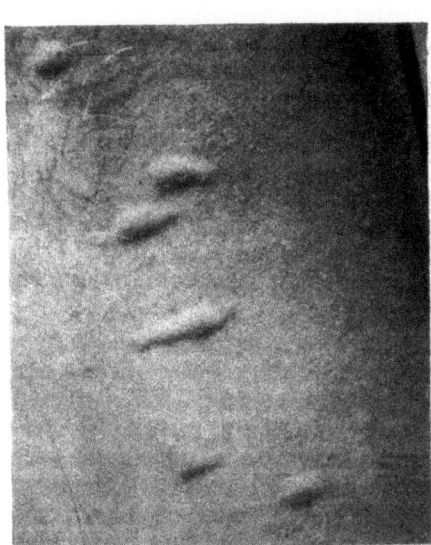 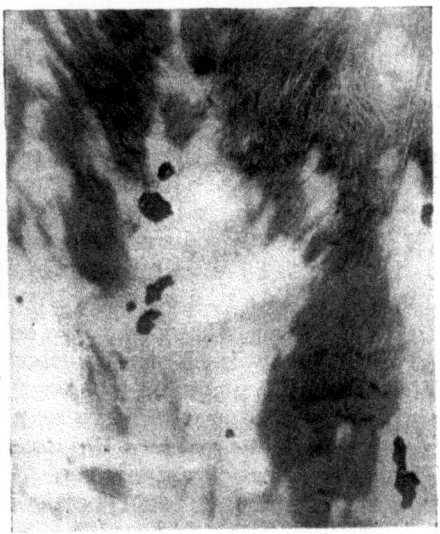

Abb. 4.          Abb. 5.

Abb. 4.
Durch Bettwanzen-Stiche verursachte Quaddeln (fast natürliche Größe).

Abb. 5.
Durch Kleidermotten-Fraß zerstörter Bisampelz, der nach Abbürsten der abgebissenen Haare, der Gespinste und Kotbröckchen umfangreiche „Rasuren" und Fraßlöcher im Leder erkennen läßt (nat. Gr.).

4. D i e P a p e l, eine etwas verhärtete, intensiv rot gefärbte, halbkugelige bis stumpf kegelförmige, gewöhnlich nicht mehr als linsengroße Hautanschwellung, die sich in der Regel erst längere Zeit nach Beendigung des Stech-Saug-Aktes und als sekundäre Stichfolge oft erst nach Erscheinen und Wiederverschwinden einer Quaddel einstellt, häufig viele Tage erhalten bleibt, meistens einen recht starken Juckreiz ausübt und für gewöhnlich in den ersten Stunden ihres Entstehens von einem roten, manchmal in unregelmäßigen Flecken aufgelösten Hof (E r y t h e m) umgeben ist.

5. D i e H ä m o r r h a g i e an der Einstichstelle, die als ein in der Regel nicht mehr als nadelkopfgroßer, zunächst dunkel voilettroter und später oft bräunlich werdender Fleck oft wochenlang zu erkennen und meistens von einem mehr oder weniger breiten,

heller roten (hyperämischen) Ring umgeben ist. Nach dem Stich einiger Arten, die in der Regel Hämorrhagie erzeugen, tritt aus der Stichwunde manchmal ein kleiner Blutstropfen aus und in diesem Falle unterbleibt die Bildung des hämorrhagischen Flecks ganz oder doch fast ganz. Der hämorrhagische Fleck darf nicht mit einem gleichfalls nur kleinen, rundlichen, hellroten hyperämischen Fleck verwechselt werden, der an empfindlichen Hautstellen wohl bei allen Menschen und wohl nach jedem Insektenstich auftritt und bald wieder verschwindet.

6. Der Hautausschlag, der als Folge von Gliedertierstichen oder -bissen sehr verschiedenartig und verschieden stark ausgeprägt und mit starkem Juckreiz verbunden sein kann.

Die Entzündung größeren Umfanges tritt bei den meisten Menschen nach Wespen-, Bienen-, Hummel- und Hornissenstichen auf, und sie kann in Ausnahmefällen auch durch Bettwanzen (Kemper 1929), durch Stechmücken (Hecht 1929), durch Taubenzecken[1] (Alt 1892, Boschulte 1860 u. a.) und, wie ich neuerdings beobachten konnte, durch Kleiderläuse verursacht werden.

Heftigen Einstichschmerz verursachen diejenigen Arten, welche in Notwehr stechen oder beißen, also Bienen, Wespen, Hummeln, Ameisen, Tausendfüßler und einige Land- und Wasserwanzenarten, z. B. Notonecta glauca, der Rückenschwimmer oder, wie die Fischer sie manchmal nennen, die „Wasserbiene". Meistens vorhanden und oft recht heftig ist der Einstichschmerz aber auch bei der Stechfliege (Stomoxys calcitrans), den Bremsen (Tabaniden) sowie bei Flöhen[2]. Beim Stechsaugakt der Bettwanze, der Kleider-, Kopf- und Filzläuse sowie auch der Taubenzecke (nach neuerdings von mir gemachten Erfahrungen) fehlt er dagegen meistens[3].

Quaddeln können als Folge der Stiche fast aller stechenden und blutsaugenden Gliedertierarten auftreten und bekanntlich auch durch die Haare der Brennesseln sowie — z. B. beim Baden in der

---

[1] Die Taubenzecke (Argas columbarum) lebt normalerweise in Taubenschlägen, dringt von dort her aber nicht selten in die Wohnungen der Menschen ein. Ihr Stich löst auf der Haut desselben manchmal ähnliche (in der Regel allerdings andersartige, weit stärkere und länger anhaltende) Reaktionen aus wie der Bettwanzenstich, und dies kann dann leicht zu der irrigen Auffassung führen, daß Verwanzung vorliegt. Ich hoffe, die Rolle der Taubenzecke als Parasit des Menschen demnächst an anderer Stelle ausführlich behandeln zu können.

[2] Als Schmarotzer des Menschen kommt heute wohl noch häufiger als der Menschenfloh (Pulex irritans) der Hundefloh (Ctenocephalus canis) in Betracht.

[3] Dieses Fehlen eines heftigen Stichschmerzes ist im biologischen Sinne, d. h. für die Arterhaltung der genannten Schädlinge sehr wichtig, weil diese zum Vollsaugen verhältnismäßig viel Zeit benötigen und nicht schnell zu fliehen vermögen. Vom Standpunkt des Menschen aber ist es sehr bedauerlich, denn es ist die Ursache dafür, daß die Tiere, zumal wenn sie ihr Opfer während des Schlafes angreifen, nicht sogleich beim ersten Auftreten, sondern in der Regel erst dann bemerkt werden, wenn sie sich bereits eingenistet und vermehrt haben.

See — durch die sogenannten Nesselfäden von Quallen und anderen Hohltieren erzeugt werden. Beobachtet wurden sie — was die stechenden Insekten angeht — m. W. bisher nur noch nicht nach Bienen-, Wespen-, Hornissen- und Hummelstichen. Bei den meisten Menschen treten sie regelmäßig nach S t e c h m ü c k e n - und B e t t w a n z e n s t i c h e n auf. Als Folge von F l o h - und L ä u s e stichen sind sie hingegen seltener. Die erstgenannten erzeugen wohl in der Mehrzahl der Fälle nur eine Papel, und die letzteren bleiben, sofern sie nicht in größerer Menge auf einer engbegrenzten Hautstelle gleichzeitig oder kurz hintereinander erfolgten, bei einem großen Prozentsatz der Menschen, abgesehen von einem kleinen hyperämischen Punkt, wirkungslos.

D i e P a p e l ist wohl die am häufigsten eintretende Reaktion auf F l o h stiche, sie wird aber nicht selten auch nach B e t t w a n z e n -, S t e c h m ü c k e n -, S t e c h f l i e g e n -, T a u b e n z e c k e n -, L ä u s e - und anderen Stichen beobachtet.

D e r h ä m o r r h a g i s c h e F l e c k kennzeichnet den Einstich fast immer beim R ü c k e n s c h w i m m e r, bei der T a u b e n z e c k e und beim „H o l z b o c k" (I x o d e s r i c i n u s), häufig aber auch bei der S t e c h f l i e g e, bei B r e m s e n und bei F l ö h e n. Durch die dünnen Saugrüssel der Bettwanzen, der Kopf-, Kleider- und Filzlaus, der Stechmücken sowie durch die Stachel der Bienen, Wespen, Hornissen und Hummeln wird nach meinen Erfahrungen und nach meiner Kenntnis der Literatur niemals eine sichtbare Hämorrhagie erzeugt. Diese scheint unter den Stichwirkungen die einzige zu sein, die von der Dicke und Form des Stechrüssels der betreffenden Art weitgehend abhängig ist.

J u c k e n d e H a u t a u s s c h l ä g e können zunächst als Reaktion auf K o p f -, K l e i d e r - und F i l z l a u s stiche dann auftreten, wenn diese zu vielen gleichzeitig an derselben Hautstelle erfolgt sind. Sie sind eine häufige Folge von M i l b e n befall. In Betracht kommen dabei wohl am häufigsten die gewöhnlich am Geflügel parasitierenden, aber nicht selten auf den Menschen übergehenden D e r m a n y s s u s - Arten, ferner die als Herbst-, Ernte-, Stachelbeermilben, „Beiß"- oder L e p t u s a u t u m n a l i s bezeichneten Larven von L a u f m i l b e n (T r o m b i d i i d e n) und endlich die oft im Getreide vorkommenden und von Getreideschädlingen lebenden K u g e l b a u c h m i l b e n (P e d i c u l o i d e s v e n t r i c o s u s).

Die genannten und auch andere Milbenarten können aber auch starkes Nesselfieber (Urticaria), Papeln und noch verschiedene anders geartete, z. T. recht bösartige Hautkrankheiten verursachen. In diesem Zusammenhang ist auch die K r ä t z e zu erwähnen, die von den in und unter der Haut lebenden Krätzemilben verursacht wird. Sie braucht hier aber nicht näher beschrieben zu werden, da sie jedem Arzt bekannt ist und auch von Laien meistens richtig gedeutet wird.

Im Anschluß an die vorstehende Aufstellung sind noch die auf Berührung mit den H a a r e n bestimmter S c h m e t t e r l i n g s r a u p e n, z. B. vom P r o z e s s i o n s s p i n n e r und vom G o l d -

after, zurückzuführenden Hauterkrankungen zu erwähnen. Die als Urheber in Betracht kommenden einheimischen Arten führen meistens zum Nesselfieber (Urticaria), zu Hautentzündungen (Dermatitis) und zu Augenerkrankungen (vgl. Hase 1939), insbesondere zur Bindehautenzündung (Konjunctivitis). Stärke und Verlauf dieser Erkrankungen hängen weitgehend von der Veranlagung des betreffenden Menschen ab. Bezüglich näherer Einzelheiten sei auf die zusammenfassende Arbeit von Weidner (1936) verwiesen. Auch durch die Haare von Speckkäferlarven können Urticaria-artige Hauterkrankungen ausgelöst werden.

In der obigen Aufstellung mußten diejenigen Insektenarten unberücksichtigt bleiben, die meistens im Freien nur hin und wieder den Menschen als Gelegenheitswirt befallen, denn über die Wirkung ihrer Stiche liegen bisher nur wenige, z. T. nur an einer Person gemachte Beobachtungen vor, und diese dürfen — da ja für die Stärke und den Verlauf der Hautreaktionen wohl immer die individuelle Veranlagung und die jeweilige Reaktionsbereitschaft des Stichempfängers mit entscheidend ist — keineswegs verallgemeinert werden. Ich begnüge mich deshalb damit, nachstehend noch einige in Deutschland vorkommende Insektenarten aufzuführen, die den Menschen mehr oder weniger oft befallen:

Zweiflügler (Diptera):
　Gnitzen (Ceratopogonidae — vgl. Hase 1933, Kemper 1930 und Peus 1936)
　Kribbelmücken (Simuliidae — vgl. Wilhelmi 1920)
　Rehlausfliege (Lipoptena cervi — vgl. Hase 1938)
　Pferdelausfliege (Hippobosca equina — vgl. Hase 1927)
　Schaflausfliege (Melophagus ovinus)
　Mauerseglerlausfliege (Crataerrhina pallida)
Fransenflügler (Thysanoptera — vgl. Peus 1936):
　Limothrips cerealium
　Limothrips dentricornis
Wanzen (Hemiptera):
　Anthocoris kingi
　Tripheps insidiosus
　Lyctocoris campestris („Geflügelte Bettwanze")
　Oeciacus hirundinis (Schwalbenwanze — vgl. Kemper 1938 und Wendt 1939)
　Reduvius personatus (Staubwanze).

Auch einige bisher nur selten beobachtete, vom Normalen weit abweichende, weil durch ganz besondere Veranlagungen der Stichempfänger bedingte Arten von Hautreaktionen sind in der obigen Aufstellung unberücksichtig geblieben. Einige von ihnen mögen als Beispiele hier kurz erwähnt werden:

Hase (1933) beobachtete als Folge von Stichen, die nach seiner Meinung von einer Culicoides-Art stammen, neben einem hämorrhagischen Fleck an der Stichstelle mehrere Zentimeter große, sich an den Rändern fast senkrecht von der Haut abhebende Blasen mit serösem Inhalt. Nach vielen Bettwanzen-Stichen kann eine vorübergehende Beeinträchtigung des Sehvermögens (Akkomodationsstörungen — Titschak 1930 und Hase 1938), ein varioloisähnliches Exanthem (Block 1924) oder auch Schuppenflechte (Psoriasis — Löwenfeld 1924) eintreten. Als Folgeerscheinung von Taubenzecken-Stichen wurden u. a. ein vorübergehendes Steifwerden des ganzen Armes, ein starkes Anschwellen der Augenlidwülste, ein Trockenwerden und Anschwellen der Zunge sowie ein Ansteigen der Herzschläge und der Atemfrequenz beobachtet (Alt 1892 und Boschulte 1896).

Abb. 6.
Kleidermotten-Fraß an Hühnerfedern und an einer Staubsaugerbürste.

Endlich muß in diesem Zusammenhang auf eine Erscheinung aufmerksam gemacht werden, die in der Literatur erstmalig von Wilhelmi (1935) erwähnt und als „Ungezieferwahn" bezeichnet wurde. Später haben sich auch Finkenbrink (1936), Hartnack (1939), Hase (1938) und Weidner (1936) mit der Erscheinung befaßt und Beispiele derselben beschrieben. Die psycho-pathologisch zu bewertenden Fälle, in denen Menschen — meistens handelt es sich um ältere weibliche Personen — an der irrigen Vorstellung leiden, sie seien stark von irgendwelchen Ectoparasiten („Läusen", „Milben" oder auch „ganz neuen, bisher noch gar nicht bekannten Tieren") befallen, scheinen weit häufiger zu sein, als im allgemeinen bekannt ist, denn auch mir sind im Laufe der letzten Jahre mehrere derselben zur Kenntnis gekommen. Oft kann der Fachmann, den die betreffenden Personen um Rat und Abhilfe bitten, aus Inhalt und Form der ihm gemachten Schilderung über das Verhalten des vermeintlichen Ungeziefers und der angeblich hervorgerufenen Belästigungen schnell und sicher den wahren Sachverhalt erschließen. Dies ist jedoch keineswegs immer möglich, weil manchmal die Angaben durchaus glaubwürdig erscheinen.

### 4. Fraßspuren und Bohrlöcher

Die durch die Fraßtätigkeit von Schädlingen verursachten Spuren spielen im Pflanzenschutz seit jeher eine sehr große Rolle. Jeder erfahrene Obstgärtner, Gemüsezüchter, Weinbauer und Forstmann

Abb. 7.
Kleidermotten-Fraß an einem Teppich — „Rasuren", Kotbröckchen und Fraßröhren. ($^2$/$_3$ nat. Gr.)

ist gewohnt, die Fraßstellen an den Früchten, Blättern und Stengeln usw. seiner Pflanzen zu beachten und zu unterscheiden. Aber auch viele der in Wohnungen und Lagerräumen lästig und schädlich werdenden Tiere hinterlassen entsprechend ihren von Art zu Art meist recht verschiedenen Freßgewohnheiten Merkzeichen, deren Beachtung und Deutung vielfach sehr wichtig ist.

#### a) an Textilwaren, Pelzen und Federn

Als wichtigster und häufigster Schädling von Keratinstoffen, d. h. hauptsächlich von Wollwaren, Roßhaarpolstermaterial, Pelzen und Bettfedern hat die Larve der Kleidermotte (Tineola bisell i ella) zu gelten. Ihre Fraßspur ist am eindeutigsten durch das Vorhandensein der seidig glänzenden, feinen Spinnfäden gekennzeichnet. Diese werden fortdauernd als ein zunächst flüssiges und klebriges Sekret von den im Kopf gelegenenen Spinndrüsen geliefert und erstarren an der Luft nach kurzer Zeit. Sie dienen den Tieren als Hilfsmittel beim Kriechen sowie zur Herstellung der Fraßröhren und der Puppenköcher (siehe weiter unten). Infolge ihrer zunächst klebrigen Beschaffenheit haften sie an der Unterlage fest und führen auch zu einem Festhaften und Zusammenhaften der abgebissenen Fasern, der unten näher beschriebenen Kotbröckchen sowie kleiner Partikel. Mit unbewaffnetem Auge lassen sich die Fäden im allgemeinen nur dann erkennen, wenn sie, wie es meistens der Fall ist, zu vielen neben- und übereinander liegen (vgl. Abb. 8), bei mikroskopischer Untersuchung der befallenen Stoffe lassen sie sich aber auch einzeln feststellen.

Eine ähnliche Spinntätigkeit übt von den Textilschädlingen nur noch die Tapetenmotte (Trichophaga tapetiella) aus, die mit der Kleidermotte verwandt, aber größer als diese und durch ihre hellgelb-schwarzbraune Vorderflügelzeichnung gekennzeichnet ist. Sie tritt als Hausschädling nur selten auf und befällt dann mit Vorliebe dicke Tierhaare (Schweinsborsten, Pferdehaare u. dgl.).

Wurden an den befallenen Stellen der Webwaren und Pelze beim Gebrauch oder beim Reinigen (durch Bürsten und Klopfen) die Gespinste beseitigt, und sind auch keine sonstigen Spuren, wie Kotbrocken und Köcher, mehr zu finden, so lassen die verbleibenden Beschädigungen nicht mehr mit Sicherheit erkennen, ob sie von Mottenlarven oder von anderen Textilschädlingen verursacht wurden. Mit einer mehr oder weniger großen Wahrscheinlichkeit kann jedoch oft auch in einem solchen Fall bei Berücksichtigung der im Nachfolgenden beschriebenen Fraßgewohnheiten der Tiere auf Grund von Größe, Form und Anzahl der Schadstellen die Urheberschaft der Mottenraupe bejaht oder verneint werden.

Die Kleidermottenlarven haben eine stark ausgeprägte Tigmotaxis und kriechen infolgedessen — und natürlich auch wegen ihrer Lichtscheu — gern zwischen aufeinanderliegende Stofflagen oder in enge Stoffalten hinein. Ist ihr Körper dann beiderseitig mit dem Gewebe in Berührung, so bleiben sie — wenn nicht starke Störungen erfolgen — ruhig an ihrem Platz und bewegen sich dort nur in dem Tempo weiter, in dem sie die vor ihren Mundwerkzeugen befindlichen Fasern abfressen. Dieses Weiterfressen führt in solchen Fällen gewöhnlich nur dann zur Lochbildung, wenn es sich um dünne und lockere Gewebe, z. B. Musseline oder Trikot, handelt, und zwar sind diese Löcher dann in der Regel länglich geformt. Fast runde Löcher verursachen die Mottenraupen in glatten Geweben nur selten, und zwar meistens wohl nur dann, wenn sie ihre Tigmotaxis nicht anders als durch Einbohren in den Stoff befriedigen können. Die Löcher sind in einem solchen Falle ebenso groß oder nur wenig größer als der Querschnitt der Raupe. In der Abbildung 8 ist links unten ein solches typisches Einbohrloch zu erkennen. Handelt es sich aber um dicke, rauhe Stoffe, z. B. Velourteppiche, Wollplüschmöbelbezüge, Lodenstoffe und insbesondere um Pelze, so kriechen die Raupen — wiederum durch ihre Tigmotaxis und Lichtscheu geführt — fast immer bis auf das harte Grundgewebe bzw. bis auf das Leder in diese hinein und beißen dort die abstehenden Wollfäden oder Haare an der Basis ab, um nur das untere Ende derselben zu fressen. Auf diese Weise entstehen sogenannten R a s u r e n, die oft einen beträchtlichen Umfang aufweisen, im allgemeinen ganz unregelmäßig umgrenzt und häufig länglich geformt sind (Abb. 5 und 7).

Man findet Kleidermotten-Fraßspuren bei aufeinandergelagerten Stoffen im allgemeinen nicht an der oberen Lage, bei einzeln aufge-

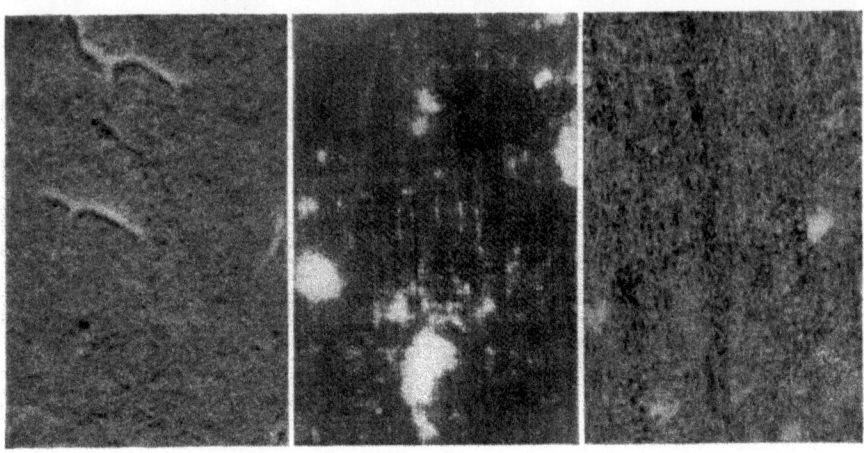

Abb. 8.        Abb. 9.        Abb. 10.

Abb. 8.
Gespinste von Kleidermotten-Larven auf der Filzunterlage einer Schreibmaschine (nat. Gr.).

Abb. 9.
Messingkäfer-Fraß an dünnem Wollstoff (fast nat. Gr.).

Abb. 10.
Teppichkäfer-Fraß an Lodenstoff (nat. Gr.).

hängten Kleidungsstücken vornehmlich in den Falten, bei Teppichen an den Stellen, die unter Schränken oder sonstigen Möbeln, d. h. geschützt und mehr im Dunkeln gelegen haben, und bei Polstermöbelbezügen in der Regel dort, wo Sitzfläche und Rücken- oder Armlehne zusammenstoßen.

Wie jede erfahrene Hausfrau weiß, werden von Mottenraupen mit Vorliebe solche Stellen an den Textilstoffen zerfressen, die organisch verunreinigt sind, bei Kleidern trifft das beispielsweise meistens für die Achselgegend zu.

Bei stark gemusterten Velourteppichen oder Divandecken, die von Motten befallen sind, findet man manchmal, daß stellenweise Fasern von bestimmter Farbe sauber zwischen den sie umgebenden andersgefärbten Fasern weggefressen sind. Dies ist dann in der Regel darauf zurückzuführen, daß die unversehrt gebliebenen Fasern nicht aus Wolle bestehen oder wegen der ihnen anhaftenden Farbe von den

Mottenlarven verschmäht wurden. Wie weiter unten gezeigt werden wird, kann aber ein solches an einigen Stellen zu beobachtendes Fehlen der Faser einer bestimmten Farbe auch andere Ursachen als Motten- oder sonstigen Tierfraß haben.

Nach der Kleidermottenraupe spielen als Keratinschädlinge die Larven der heute weit verbreiteten T e p p i c h -, K a b i n e t t - und P e l z k ä f e r (A n t h r e n u s   s c r o p h u l a r i a e,  A.  v e r b a s c i, A t t a g e n u s   p e l l i o  und A. p i c e u s) die größte, aber bisher noch viel zu wenig beachtete Rolle. Bezüglich der Nahrungsauswahl und der Lichtscheu stimmen diese Arten mit jener weitgehend überein, sie besitzen aber im Gegensatz zu ihr nur eine schwach ausgeprägte Tigmotaxis. Das hat zur Folge, daß die von ihnen verursachten Schadwirkungen nicht so sehr auf Falten und die inneren Stofflagen beschränkt sind, sondern recht oft auch auf völlig freiliegenden Gewebteilen zu finden sind.

Ein weiterer Unterschied besteht darin, daß die genannten Käferlarven hinsichtlich ihres Aufenthaltes weniger fest an das Nährsubstrat gebunden sind als die Kleidermottenraupen und wohl in der Regel nach jedem Fressen, zum mindesten aber bei jeder stärkeren Störung (Erschütterung ihrer Unterlage) zu einem dunklen Versteck, z. B. in Dielenritzen, in Schrankecken usw. kriechen, um später wieder an anderer Stelle mit der Nahrungsaufnahme zu beginnen. Da sie überdies ein weniger starkes Nahrungsbedürfnis haben, sind die von ihnen verursachten Schadstellen im allgemeinen weit weniger umfangreich. Bei stärkerem und langdauerndem Befall sind aber diese kleinen Schadstellen oft zu vielen dicht nebeneinander zu finden. Ein typisches Beispiel dafür ist in der Abbildung 13 wiedergegeben.

Nach meinen Erfahrungen führt der Teppich- und Pelzkäferfraß auch bei dickeren Geweben häufiger, als es bei Mottenfraß der Fall ist, zu einem Durchlöchern, und die entstandenen Löcher sind dann in der Regel rundlich und fast niemals länglich geformt (Abb. 10 und 14).

Bei Velourteppichen, Wollplüschmöbelbezügen und ähnlichen dicken und rauhen Stoffen führt der Fraß der genannten Dermestidenlarven gleich dem Mottenfraß zu Rasuren. Diese haben dann aber wiederum in der Regel einen mehr kreisförmigen (keinen länglichen) Umriß und einen geringeren Umfang (Abb. 13).

Daß Anthrenus-Fraß in manchen Fällen an dem Vorhandensein der P f e i l h a a r e dieser Tiere erkannt werden kann, wurde bereits oben gezeigt, und über die sonst zu beachtenden Spuren von Teppich- und Pelzkäfern ist weiter unten Näheres gesagt.

Zu beachten ist, daß die Larven der Kleidermotte sowie auch die der Teppich-, Kabinett- und Pelzkäfer gelegentlich und insbesondere im Hungerzustande auch T e x t i l s t o f f e   p f l a n z l i c h e r   H e r k u n f t   b e f a l l e n. Sie können Fasern, wie Baumwolle, Zellwolle, Kunstseide usw., jedoch nicht verdauen und sich an diesen natürlich auch nicht weiterentwickeln. Es kommt aber häufiger vor, daß Mottenraupen, die sich beispielsweise in den Feder- und Wollfüllungen von Kissen und Steppdecken entwickelt haben, die nichtwollnen Bezugstoffe durchfressen, und daß sie von sonstigen pflanzlichen Geweben, die sich neben befallenen Wollwaren befinden, zum Zwecke des Köcherbaus in stärkerem Maße Fasern abbeißen. Merkwürdigerweise sind solche Beschädigungen nach meinen Beobachtungen an Kunstseide weit häufiger zu finden als an echter Seide (vgl. die Abb. 11 und 12 sowie die Angaben von H a s e 1937 und H e r f s 1935 u. 1936).

Außer den bisher genannten Arten kommen als Textilschädlinge von beachtenswerter wirtschaftlicher Bedeutung nur noch das Silberfischchen (Lepisma saccharina L.) und der Messingkäfer (Niptus hololeucus Fald) in Betracht. Das

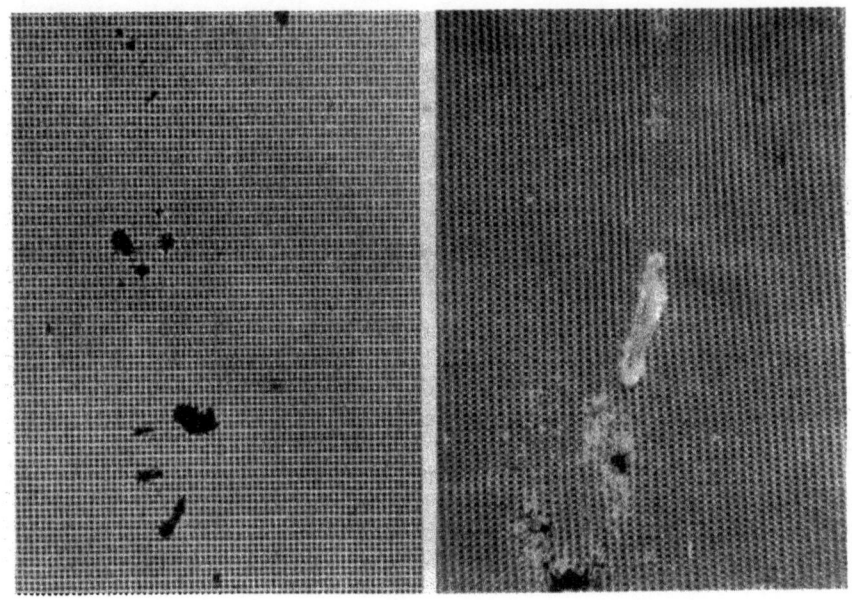

Abb. 11.  Abb. 12.

Abb. 11.
Pelzkäfer-Fraß an Seidengaze (1½-fach vergr.).

Abb. 12.
Kleidermotten-Fraß und Puppenköcher an kunstseidenem Damenstrumpf.
(1½-fach vergr.)

erstgenannte ernährt sich gern von kohlehydratreichen Stoffen und verursacht infolgedessen manchmal größere Schädigungen an gestärkten Gardinen und Wäschestücken. Nach einigen älteren Literaturangaben soll es auch Wolltextilien befallen. H e r f s, der sich jahrelang und viel mit Wollschädlingen beschäftigt hat, schreibt jedoch 1936, daß ihm kein solcher Fall von Wollwarenbeschädigung zu Gesicht gekommen sei, und auch ich habe bisher keinen derartigen Fall kennengelernt. Eine beachtenswerte Bedeutung kommt dem Silberfischchen als Zerstörer von Kunstseide, insbesondere von Fenstervorhängen, zu. Wie H e r f s (1936) festgestellt hat, sind die Tiere im Gegensatz zu allen anderen bei den Versuchen benutzten

Insektenarten befähigt, die Kunstseidenfaser (wenigstens Viskose- und Bembergkunstseide) zu verdauen.

Das Fraßbild des Silberfischchens läßt sich meistens mit Sicherheit als solches erkennen, denn da das Tier wenig kräftige, schabende Mundwerkzeuge besitzt, verursacht es in der Regel nur eine flächenhafte Beschädigung. Diese kann, wie H e r f s schreibt „— wenigstens dem Laien — ein Schleißen der Kunstseide in sich vortäuschen, zumal der Silberfisch in gewissen Fällen — bei Mischgeweben — die Baumwolle ganz unberücksichtigt läßt." Bei stärkerem Befall und bei lockeren dünnfaserigen Geweben kann der Fraß der Tiere aber auch zur Bildung größerer und kleinerer, unregelmäßig umgrenzter

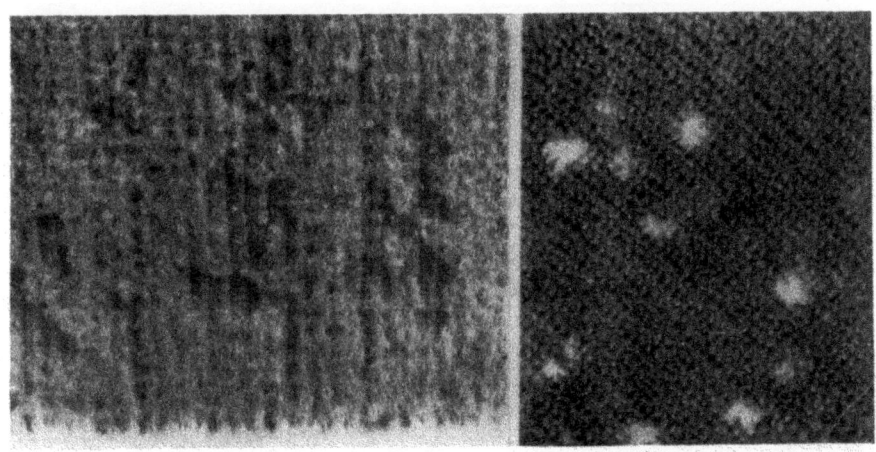

Abb. 13.
Pelzkäfer-Fraß an einer Chaiselonguedecke (1½-fach vergr.).

Abb. 14.
Teppichkäfer-Fraß an Herrenanzugstoff (1½-fach vergr.).

Löcher führen. Die Abbildung 15 illustriert einen Ausnahmefall, in dem Silberfischchen an einem kunstseidenen, fabrikneuen Damenstrumpf keinen deutlichen Schabefraß, aber viele Fraßlöcher verursacht haben.

In manchen Fällen wird man bei mikroskopischer Untersuchung an den Fraßstellen die oben bereits beschriebenen S c h u p p e n des Schädlings finden können.

Der M e s s i n g k ä f e r befällt als Vollkerf neben pflanzlichen und tierischen Lebensmitteln und Futtermitteln unter anderm gern auch Wollwaren und sonstige Textilstoffe. Er pflegt die Fasern derselben vor dem Fressen mit Hilfe seiner kräftigen Mundwerkzeuge aus dem Gewebe herauszuziehen und verursacht auf diese Weise bei dünnen und manchmal auch bei dickeren Stoffen Löcher, die meistens einen mehr oder weniger rundlichen Umriß und fast immer stärker ausgefranste Ränder aufweisen (vgl. Abb. 9). Bei Teppichen, dicken Chaiselonguedecken, Möbelbezügen und Vorhängen fressen aber auch die Messingkäfer (gleich den Kleidermottenraupen, Pelz- und Teppichkäferlarven) gewöhnlich nur die abstehenden Fasern, so daß an den betreffenden Stellen das Grundgewebe freigelegt wird.

Ähnliche Fraßbilder wie von Niptus hololeucus können auch durch einige Ptinus-Arten und durch den anscheinend in den letzten Jahren häufiger als früher auftretenden Kugelkäfer (Gibbium psylloides Czemp. — vgl. Kemper 1938) verursacht werden.

Der Vollständigkeit wegen sei noch erwähnt, daß Schaben, Heimchen (Gryllus domesticus), Speckkäfer (Der-

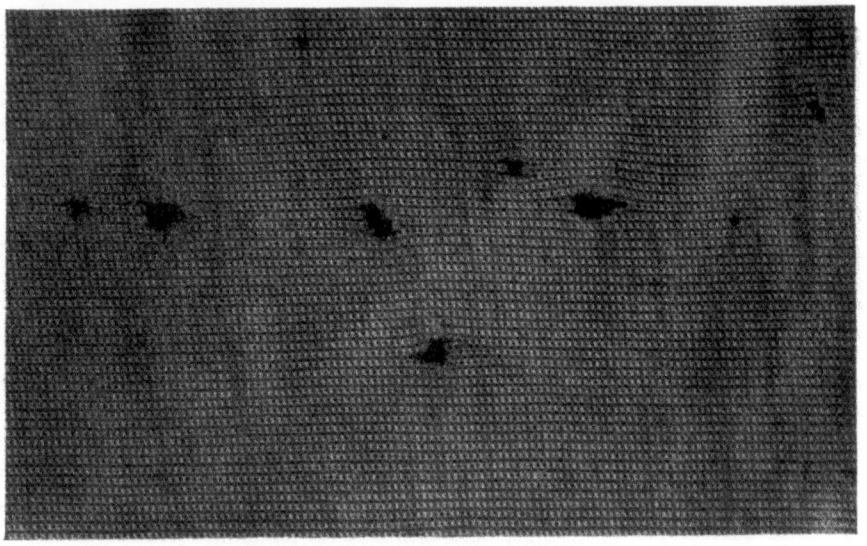

Abb. 15.
Silberfischchen-Fraß an kunstseidenem Damenstrumpf (1¾-fach vergr.).
Vgl. S. 23.

mestes-Arten), Mehlkäfer und deren Larven (Tenebrio molitor) und bekanntlich auch Ratten und Mäuse gelegentlich Textilstoffe durch Fraß oder Zernagen beschädigen. Weil dies nur selten geschieht, braucht hier nicht näher darauf eingegangen zu werden.

Wichtig ist es aber zu beachten, daß oft an Textilstoffen Schadstellen beobachtet werden, die eine mehr oder weniger große Ähnlichkeit mit den Fraßspuren von Schädlingen aufweisen, obwohl sie auf ganz anderen Ursachen beruhen. Solche Schadstellen, die nicht selten bei Schadenersatzforderungen in Prozessen eine wichtige Rolle spielen, können auf ein Zerreißen der betreffenden Stoffe, auf Scheuern an einem harten Gegenstand, auf Verbrennen oder auf die Einwirkung von Chemikalien zurückzuführen sein.

Wenn solche Fälle zu begutachten sind, ist eine weitgehende Berücksichtigung aller näheren Umstände, unter denen der Schaden entstanden ist, **und eine genaue Untersuchung des Gewebes erforderlich.**

**Mechanische Zerreißungen**, etwa durch einen Nagel oder einen Holzsplitter, wird man bei festgewebten Stoffen als solche unter dem Mikroskop fast immer daran erkennen, daß sie keinen Substanzverlust bedingen. Bei lockeren Geweben, insbesondere bei feinen Trikotwaren, ist dies jedoch oft nur schwer mit Sicherheit zu entscheiden, weil bei diesen das Durchreißen auch nur eines Fadens häufig zur Bildung eines größeren (rundlichen) Loches führt.

Wenn eine **Beschädigung durch Scheuern** verursacht wurde, so ist das mikroskopisch meistens daran festzustellen, daß die Gewebsfäden und auch einzelne Fasern an der betreffenden Stelle stark aufgerauht sind. Herfs (1936) hat unter Beifügung sehr instruktiver Abbildungen über einige Fälle berichtet, in denen an kunstseidener Damenunterwäsche durch Scheuern am Rockhaken und am Strumpfhalter Lochschäden verursacht wurden. An gemusterten Velourteppichen, Chaiselonguedecken und dergl., die schon lange in Gebrauch waren, läßt sich manchmal beobachten, daß stellenweise die abstehenden Fasern einer bestimmten Farbe fehlen, während die anders gefärbten Fasern der Umgebung noch erhalten sind. Solche Schadstellen, die den durch Mottenraupen verursachten oben näher beschriebenen Rasuren oft täuschend ähnlich sind, können rein mechanisch bedingt und darauf zurückzuführen sein, daß die betreffenden Fasern entweder von Natur aus oder infolge der ihnen zuteil gewordenen Färbung gegen Verschleiß weniger widerstandsfähig sind oder aber daß sie mit dem Grundgewebe weniger fest verbunden waren als die übrigen Fasern.

Kleine **Verbrennungslöcher** entstehen häufig durch herabfallende glühende Tabakteilchen o. dgl. in Teppichen, Sofakissen, Chaiselongue- und Tischdecken und werden dann vom Hausherrn oder Zimmermieter gern fälschlicherweise den Motten zur Last gelegt. Wollfasern werden bekanntlich, bevor sie verbrennen, zum Schmelzen und Aufquellen gebracht. Die unversehrt bleibenden Teile von ihnen sind dann an den Enden in charakteristischer Weise verdickt, verbogen und meistens auch schwarz oder braun verfärbt. Dies ist in der Regel, wenigstens an einigen Fasern auch noch nach längerem Gebrauch der Gewebe (Abreiben der Schadstellen) mittels des Mikroskops festzustellen.

Daß **Zerstörung der Gewebe durch Chemikalien** (z. B. durch aufgefallene Tropfen von starken Säuren und Laugen) vorliegt, kann in der Regel dann angenommen werden, wenn es sich um Löcher handelt, deren Ränder deutlich eine intensive Verfärbung erkennen lassen. Ist dieses nicht der Fall, so kann allein auf Grund der mikroskopischen Untersuchung meistens keine sichere Entscheidung getroffen werden. Fast immer läßt sich aber eine chemisch bedingte Schadwirkung mit Hilfe von chemischen Untersuchungsmethoden, insbesondere durch Anwendung von Spezialfärbungen, nachweisen. Fragen dieser Art werden von der **For-**

schungsstelle des Reichsinnungsverbandes des Färber- und Chemischreiniger-Handwerks, Berlin, Bellevuestr. 21/22, bearbeitet.

b) an Papier

Von den Insekten kommt in unseren Breiten als Zerstörer von Papier in erster Linie das Silberfischchen in Betracht. Es befällt häufig Tapeten, alte Bilder, Etiketten, Zeichnungen, Briefschaften u. dgl., und zwar wohl meistens wegen des zur Appretur oder zum Aufkleben benutzten Kleisters oder Leimes, aber oft auch nur der Zellulose wegen. Wie bereits oben bei Besprechung der Textilwarenbeschädigung gesagt wurde, handelt es sich um einen flächenhaften Schabefraß, der zu einem Dünnerwerden und schließlich zur Durchlöcherung des Papieres führt. Ein typisches Silberfischchenfraßbild an einer Tapete ist in Abb. 16 wieder-

Abb. 16.
Silberfischchen-Fraß an einer Tapete (½ nat. Gr.).

gegeben. Solche Schadstellen werden besonders häufig an den unteren Tapetenrändern (oberhalb der Scheuerleiste) gefunden, weil hier der verwendete Mehlkleister meistens in besonders dicker Schicht vorhanden ist und weil sich hier am leichtesten die Tapete von der Wand ablöst, so daß die Tiere hinter ihnen gute Daseinsbedingungen vorfinden (vgl. auch Abb. 17 und 18). Weitere Abbildungen und Beschreibungen von Fraßbeschädigungen durch Silberfischchen an verschiedenartigem Papier sind in den Arbeiten von Hase (1938) und Zacher (1927) zu finden.

Weiterhin wird Papier gelegentlich von Schaben und Heimchen zernagt. Dies geschieht in der Regel nur dann, wenn die Tiere stark hungern, oder wenn das Papier feucht ist und wenn anderweitig keine Flüssigkeit zur Verfügung steht. Die Beschädigung von nicht aufgeklebtem Papier erfolgt niemals — wie oft beim Silberfischchen — von der Fläche, sondern stets vom Rande oder von Knickstellen her und kann entsprechend den kräftigen Mundgliedmaßen der Tiere einen beträchtlichen Umfang annehmen. Das abgebissene Material wird dabei von den Schaben und Heimchen nicht oder nur in geringem Umfange gefressen, sondern nur zerkaut und als krümelig-faserige Masse an Ort und Stelle zurückgelassen (vgl. Handschin 1928, Kemper 1937 und Wille 1920). Papier jedoch, das mit (eingetrocknetem) Mehlkleister versehen ist, wird durch die Tiere häufig auch von der Fläche her befallen und dann oft auch mitgefressen. So wurden oft umfangreiche, auf Schaben zurückzuführende Fraßbeschädigungen an Bucheinbänden beobachtet (vgl. Weiß und Carruthers 1937).

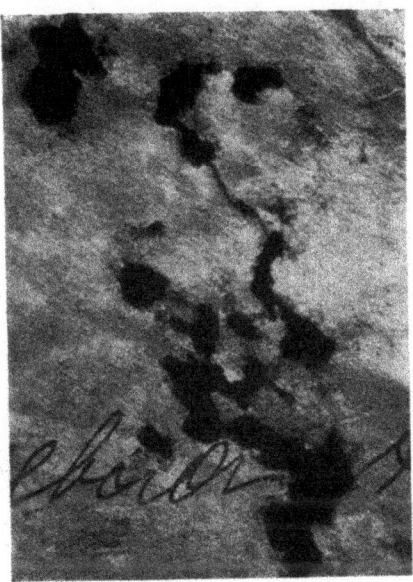

Abb. 17.
Silberfischchen-Fraß an einem Briefumschlag (2-fach vergr.).

Das Papier von alten Aktenbänden, Büchern, Briefschaften u. dgl. wird gern von einigen Flechtlingsarten (Copeognathen), z. B. der „Bücherlaus" (Liposcelis divinatorius) gefressen und kann bei einem Massenauftreten derselben in stärkerem Umfange beschädigt werden. Es läßt dann — entsprechend der Kleinheit der Tiere und der Schwäche ihrer Mundwerkzeuge — keine Nagespuren erkennen; daß diese Tiere am Werke waren, bezeugen feine, flächenhafte Beschädigungen (hauptsächlich an den Randpartien) und das Vorhandensein eines feinen „Papierstaubes".

Als Zerstörer alter Bücher tritt weiterhin oft der Brotkäfer (Stegobium paniceum) auf. Seine Larven entwickeln sich gern in dem beim Einbinden verwendeten und eingetrockneten Kleister, und die später schlüpfenden Imagines bohren dann, um ins Freie zu gelangen, hauptsächlich in die Einbanddecken und den Buchrücken kreisrunde, stecknadelkopfgroße Löcher hinein. Wie ich bereits an anderer Stelle (Kemper 1939) mitgeteilt und durch eine Photographie veranschaulicht habe, kommt es nicht selten vor, daß sich Brotkäferlarven massenhaft hinter der Tapete im eingetrockneten Tapetenkleister entwickeln und daß die ausschlüpfenden Vollkerfen dann die Tapete siebartig durchlöchern. Auch von den Diebskäferarten Ptinus fur und Pt. tectus ist mir das gleiche in mehreren Fällen bekannt geworden. Die im Querschnitt ebenfalls runden Ausfluglöcher dieser Arten sind in der Regel fast doppelt so groß wie die des Brotkäfers.

Die aus Papier oder Pappe bestehenden Umhüllungen (Tüten, Schachteln usw.) von Lebensmitteln und sonstigen Stoffen können nicht nur von verschiedenen Käfern und deren Larven, z. B. Messingkäfer, Mehlkäfer, Getreidenager, Teppichkäfer, Pelzkäfer und Speckkäfer, sondern auch von Kleidermotten-, Mehlmotten- und anderen schädlichen

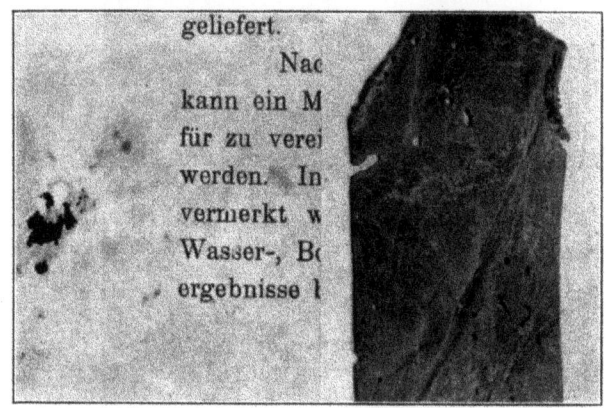

Abb. 18.
Silberfischchen-Fraß an Papier (nat. Gr.) und an Leder ($^2/_3$ nat. Gr.).

Kleinschmetterlingslarven durchnagt werden. Dabei verursachen die Käfer oder Käferlarven in der Regel runde, die Mottenlarven aber häufig unregelmäßig umgrenzte und oft längliche Löcher.

Umfangreiche Zerstörungen an Papierwaren verschiedener Art werden bekanntlich auch von Ratten und — häufiger noch — von Mäusen verursacht. Die letztgenannten verwenden sehr häufig Papier zum Bau ihrer Nester und zerbeißen es dann in etwa talergroße Stücke. In solchen Fällen ist es in der Regel leicht, die Urheberschaft zu erkennen.

### c) an Leder

Von verschiedenen polyphagen Insektenarten, z. B. von Schaben, Heimchen, Messingkäfern, Diebskäfern sowie auch von den Keratinschädlingen (Kleidermotte[1]), Teppich-

---

[1]) Wie ich bereits an anderer Stelle mitgeteilt habe (Kemper 1936) und durch neuerdings auf breiterer Basis durchgeführte Versuche bestätigen konnte, wird von dem Leder der verschiedenen im Handel befindlichen Pelzsorten nur das von Bisam in starkem Maße von Kleidermottenlarven angefressen und durchfressen.

käfer, Pelzkäfer) und vom Silberfischchen wird Leder gelegentlich als Notnahrung gefressen. Ein durch Heimchen zerfressenes Pantinenleder ist in Abbildung 19 wiedergegeben, und Silberfischchenfraß an Leder zeigt die Abbildung 18.

Ob die an Lederwaren aufgefundenen Schadstellen auf Mottenfraß zurückzuführen sind oder nicht, läßt sich in den meisten Fällen an dem Vorhandensein oder Fehlen von Gespinstfäden, Kotbrocken oder Köchern (vgl. weiter unten) mit Sicherheit entscheiden, im übrigen aber erscheint es z. Zt. nicht möglich, allein aus der Beschaffenheit

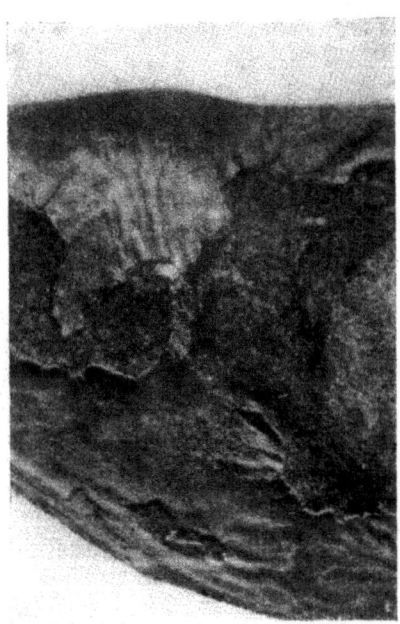

Abb. 19.
Fraß des Heimchen (Gryllus domesticus) an Pantinenleder.
(¾ nat. Gr. — nach Kemper)

der Schadstelle den Urheber derselben mit hinreichender Eindeutigkeit oder auch nur mit einiger Wahrscheinlichkeit zu erschließen.

Runde Bohrlöcher werden häufiger im Leder von Buchrücken und Reisekoffern gefunden und sind meistens auf Brotkäfer und manchmal auch auf Diebskäfer zurückzuführen (vgl. weiter oben).

### d) an verarbeitetem Holz

Die durch Fraß an verarbeitetem Holz in unseren Wohnungen schädlich werdenden Insektenarten sind meist nur schwer aufzufinden, und deshalb ist es doppelt notwendig, die durch ihre zerstörende Tätigkeit verursachten Anzeichen (Ausfluglöcher, Bohr- oder Fraßgänge, Bohrmehl usw.) zu beachten und zu unterscheiden.

Berücksichtigt werden hier nur solche Holzschädlinge, die im Wohnbereich des Menschen, also durch Zerstören von Möbeln, Dach-

Abb. 20.
Bettstellenknopf mit Bohrlöchern und Fraßgängen von Pochkäfern (Anobium sp.), links in Aufsicht, rechts durchschnitten. (½ nat. Gr.)

stühlen, Fußbodendielen, Wandtäfelungen, Holzschnitzereien und dergl. schädlich werden. Bezüglich derjenigen Arten, die frisches Bauholz befallen und hauptsächlich auf Holzlagerplätzen schädlich werden, sei hier auf die Angaben von Zacher, Escherich u. a. verwiesen.

Kleine runde Ausfluglöcher (von 1 bis höchstens 3 mm Durchmesser), die sowohl in Laub- wie auch in Nadelhölzern — hauptsächlich in alten Möbeln, Treppengeländern, Scheuerleisten, Fußbodendielen sowie in hölzernen Gebrauchs- und Kunstgegenständen — gewöhnlich in großer Anzahl zu finden sind und aus denen oft viel weißliches Bohrmehl in kleinen Häufchen ausgeworfen wird, sind auf Befall durch Poch- oder Klopfkäfer (Anobien), vornehmlich durch die „Totenuhr" (Anobium punctatum) zurückzuführen (Abb. 20 und 21). Diese Arten,

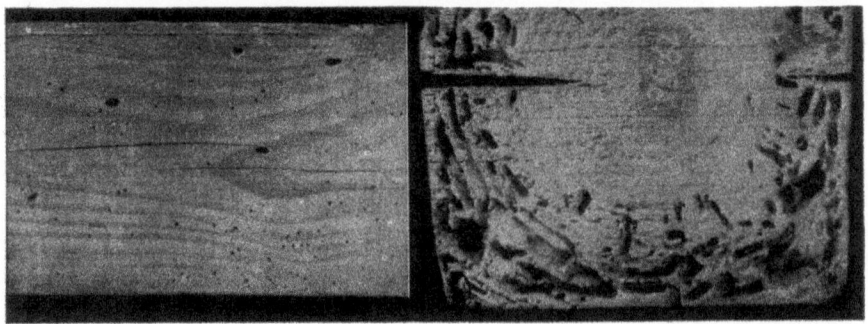

Abb. 21.
Hausbock-Befall — links Oberfläche eines Balkens mit den ovalen Ausfluglöchern des Käfers (dazwischen viele kleine, runde Löcher von Pochkäfern) — rechts Querschnitt durch einen Balken mit Fraßgängen im Splintholz.

welche ihren Namen den tickenden Tönen verdanken, die sie durch Aufschlagen des Kopfes auf das Holz zum Zwecke des Auffindens der Geschlechter hervorbringen, fressen als Larven im Innern des Holzes unregelmäßig verschlungene, im Querschnitt runde Gänge, in denen nach Anschneiden oder Durchsägen des betreffenden Holzes nur verhältnismäßig wenig und lockerliegendes, also leicht herauszuschüttelndes Bohrmehl gefunden wird.

Dieses **Bohrmehl** besteht, wie bei mikroskopischer Untersuchung festzustellen und aus Abb. 23 zu erkennen ist, größtenteils aus den holzfarbigen Kotbröckchen der Tiere und im übrigen aus kleinen und sehr kleinen, ganz unregelmäßig geformten Holzteilchen (Nagsel). Die **Kotballen** sind, wie **Eckstein** (1939) schreibt, „eiförmig, entweder an beiden Enden gleichartig verjüngt, oder sie tragen am auffallend breiteren Ende ein kleines Zäpfchen". Sie sind rd. 0,5 mm lang und bis zu etwa 0,2 mm dick.

Abb. 22.
Parkettkäfer-Befall — das Bohrmehl ist durch Bürsten entfernt.
(1½-fach vergr.)

**Gleichfalls runde Ausfluglöcher**, die in der Regel etwas kleiner sind als bei der oben erwähnten „Totenuhr" und die sich **nur in Laubhölzern** — hauptsächlich in den Eichenstäben von Parkettfußböden — finden, deuten auf den **Parkett**- oder **Splintholzkäfer (Lyctus linearis u. a.)** hin. Die Bohrgänge desselben sind hinter der Larve ganz mit Bohrmehl gefüllt, und dieses ist so fest gepreßt, daß es auch nach Anschneiden der Gänge nicht herausfällt. In dem **Bohrmehl** lassen sich keine geformten Kotballen, sondern nur kleine unregelmäßige Holzteilchen feststellen (vgl. Abb. 22 und 23).

**Große runde Ausfluglöcher** von etwa 6 bis 10 mm Durchmesser im Nadelholz (vgl. Abb. 24) stammen von **Holzwespen**, und zwar entweder von der **Kiefernholzwespe (Paururus juvencus)** oder von der **Riesen**- oder **Fichtenholzwespe (Sirex gigas u. a.)**. Die Bohrgänge derselben verlaufen größtenteils in unregelmäßigen Spiralen um die Markröhren des Holzes und sind so fest mit Bohrmehl angefüllt, daß man sie meist nur auf glattgehobelten Stellen erkennen kann. Das B o h r - m e h l besteht hauptsächlich aus ziemlich groben, größtenteils länglichen Holzteilen (kleinen Spänen). Geformte Kotballen konnte ich in ihnen nicht feststellen.

Man findet die Ausfluglöcher der Holzwespen nur in solchen Nadelhölzern (Dielenbrettern, Dachbalken, Küchenmöbeln), die höchstens 5 Jahre vorher geschlagen wurden. Denn die Weibchen legen ihre Eier mit Hilfe ihrer langen dünnen Legeröhre nur im Freien in noch lebende, vornehmlich in kränkelnde Bäume oder in bereits geschlagenes, aber noch frisches und saftreiches Holz hinein, und wenn die Larven- und Puppenentwicklung, die insgesamt höchstens 5 Jahre dauern kann, abgeschlossen ist, erfolgt kein Neubefall der betreffenden Hölzer.

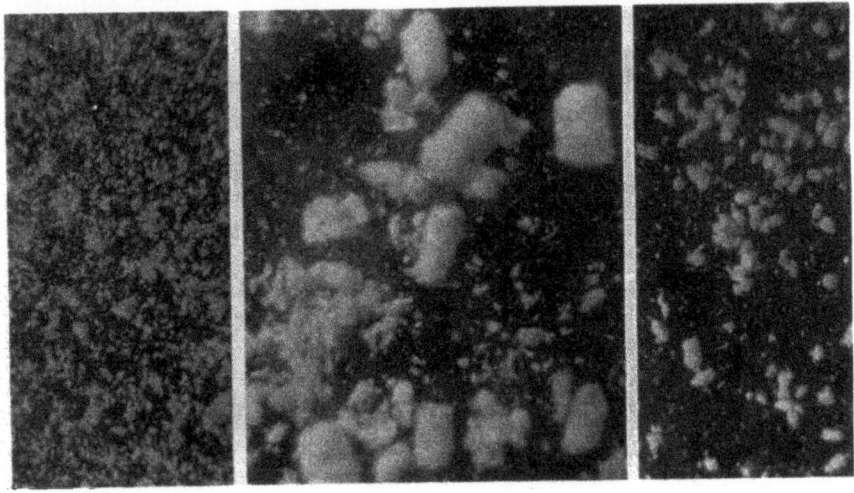

Abb. 23.
Bohrmehl, links vom Parkettkäfer, in der Mitte vom Hausbock, rechts vom Pochkäfer (10-fach vergr.).

**Ovale Ausfluglöcher** von stark schwankender, durchschnittlich etwa $1 \times 0,5$ cm betragender Größe im Nadelholz, vornehmlich im Dachgebälk und in Telegraphenmasten, sind in der Regel vom ausgeschlüpften **Hausbock (Hylotrupes bajulus)** angelegt. Dieser befällt mit Vorliebe solche Balken, Bretter usw., die mindestens 10 Jahre alt sind. Seine Larve, die je nach den Ernährungs-, Temperatur-, Feuchtigkeits- und anderen Bedingungen 2 bis 11 — und nach vorliegenden Beobachtungen sogar bis zu 17 — Jahre benötigt, legt ihre im Querschnitt ovalen Fraßgänge hauptsächlich im Splintholz — das Kernholz bleibt in der Regel ganz unversehrt — meistens dicht unter der Oberfläche so an, daß diese als millimeterdicke Schicht erhalten und auch bei Vorliegen eines starken Befalls bis auf die meistens nicht zahlreich vorhandenen Aufluglöcher unversehrt bleibt (vgl. Abb. 21). An den Wandungen der Fraßgänge, die oft so dicht nebeneinander liegen und in solcher

Anzahl vorhanden sind, daß von dem ganzen Splintholz nur noch eine schwammartige Masse übrig bleibt, kann man häufig schon mit bloßem Auge die Nagespuren erkennen, die in Aussehen und Anordnung Ähnlichkeit mit den am Meeresstrand zu beobachtenden Sandrippeln aufweisen. Das B o h r m e h l wird nicht wie bei den Anobien durch die Ausfluglöcher herausgeworfen, sondern in den Gängen belassen und dort etwas festgedrückt. Es fällt aber, wenn die betreffenden Balken nachträglich Trocknungsrisse bekommen oder wenn ihre oberflächliche dünne Schicht durch Anschlagen oder sonstwie beschädigt wurde, leicht und oft in großer Menge heraus. Es besteht aus den walzenförmigen bis etwa 2 mm langen und bis etwa 1 mm dicken Kotballen der Larve und feinem Nagsel (vgl. Abb. 23). In manchen Gängen ist überwiegend oder fast ausschließlich Kot, in anderen hauptsächlich oder nur Nagsel zu finden. Das liegt wohl darin begründet, daß den Larven das Holz an einigen Stellen als Nahrung zusagt, an anderen nicht. In der Umgebung der Puppenwiege, die stets unter der Oberfläche angelegt wird, findet man außerdem noch größere Holzspäne.

O v a l e , durchschnittlich etwa 1,3 × 0,7 mm große B o h r l ö c h e r in ungeschälten Weidenruten stammen von dem W e i d e n b ö c k c h e n (G r a c i l i a   m i n u t a). Die Larve desselben zerstört in erster Linie aus Weide hergestellte Obst- und Flaschenkörbe, aber auch Faßreifen aus Weide, Edelkastanie und Birke. Das Anlegen der im Querschnitt ebenfalls ovalen Fraßgänge erfolgt unter Schonung der Rinde und wird oft erst dann bemerkt, wenn die Zerstörung der Ruten schon weit fortgeschritten ist und die Festigkeit der Geflechte und Reifen schon bis auf ein gefährliches Maß vermindert ist (vgl. Abb. 25). Das B o h r m e h l, das von den Tieren nicht ausgeworfen wird, bei Beschädigung der Rinde aber herausfällt, besteht zu etwa zwei Drittel aus Kotbrocken und zu einem Drittel aus Nagsel. Die erstgenannten sind größtenteils gelbbraun gefärbt, wie die des Hausbocks walzenförmig, aber weniger regelmäßig geformt und natürlich wesentlich kleiner als diese. Das Nagsel besteht aus relativ großen, hauptsächlich länglichen, flachen, weißlichen Holzteilchen.

Wenn nach außen keine Bohrlöcher führen und das Innere des Holzes große, u n r e g e l m ä ß i g e , kein Bohrmehl enthaltende H o h l r ä u m e aufweist, die sich hauptsächlich auf die weichen Sommerschichten der Jahresringe erstrecken, während die härteren Herbstschichten und die querlaufenden Äste stehen geblieben sind, so haben wir das Werk von A m e i s e n vor uns. In Betracht kommen hier hauptsächlich R o ß - und R i e s e n a m e i s e (C a m p o n o t u s   l i g n i p e r d a  und C. h e r c u l a n e u s), aber auch R a s e n a m e i s e n (L a s i u s - Arten). Sie zernagen das Holz, um in ihm ihre Nester anzulegen, und befallen vom verbauten Holz hauptsächlich die Balken von Fachwerkgebäuden sowie die Tragbalken und Bretter der Fußbodendielung.

Die durch R a t t e n und M ä u s e verursachten Beschädigungen an Holz (Fußbodendielen, Scheuerleisten, Türen, Vorratskisten usw.) sind als solche in der Regel durch das Vorhandensein der Nagespuren (vgl. weiter unten, S. 42) mit hinreichender Eindeutigkeit gekennzeichnet (Abb. 38). Es erübrigt sich, hier näher auf sie einzugehen, da ihr Aussehen allgemein bekannt ist.

Schließlich sei hier noch erwähnt, daß die nicht Holz fressenden Larven einiger Insekten, z. B. der Speckkäfer-Arten und der Kornmotte (Tinea granella) nach Erreichen ihrer endgültigen Größe sich zum Zwecke der Verpuppung oft in weiches Holz (oder anderes Material) einbohren und dann auf den ersten Blick „Holzwurm"-Befall vortäuschen können (vgl. Abb. 42). Die von

Abb. 24.                                Abb. 25.
Abb. 24.
Ausfluglöcher von Holzwespen in einem Zaunpfahl (½ nat. Gr.).

Abb. 25.
Vom Weidenböckchen befallene Korbweiden (1½-fach vergr.).

ihnen gebohrten Löcher reichen immer nur ein kurzes Stück (bis zu etwa 2 cm) weit in das Holz hinein und sind bei Motten und Zünslern von einem dichten filzartigen Gespinst verschlossen, bei Käferlarven aber offen. Weiter unten wird auf diese „Puppenwiegen" noch näher einzugehen sein.

Im Vorstehenden sind nur diejenigen Schädlinge des verarbeiteten Holzes berücksichtigt, die in Häusern häufig auftreten und denen eine größere wirtschaftliche Bedeutung zukommt. Bezüglich der von anderen hin und wieder zu findenden Arten verursachten Schadwirkungen verweise ich auf die Bestimmungstabelle von Weidner (1937).

### e) an Lebensmitteln

Deutlich erkennbare Fraßspuren von Schädlingen können natürlich nur an festen Nahrungs- und Genußmitteln gefunden werden, z. B. an Getreidekörnern, Hülsenfrüchten, Kakaobohnen, Schokolade, Pralinen, Backwaren, Teigwaren, festem Käse, trockenen Fleischwaren und Backobst.

Findet man an den befallenen Waren seidige Gespinstfäden, die zu einem Zusammenklumpen der einzelnen Partikel des Substrates geführt haben, und die meistens, wenigstens an einigen Stellen, mit krümeligem Kot durchsetzt sind, so kann man mit Sicherheit Motten- oder Zünslerraupen als Urheber bezeichnen (vgl. Abb. 37). Zu nennen sind hier als besonders häufig die Mehl-

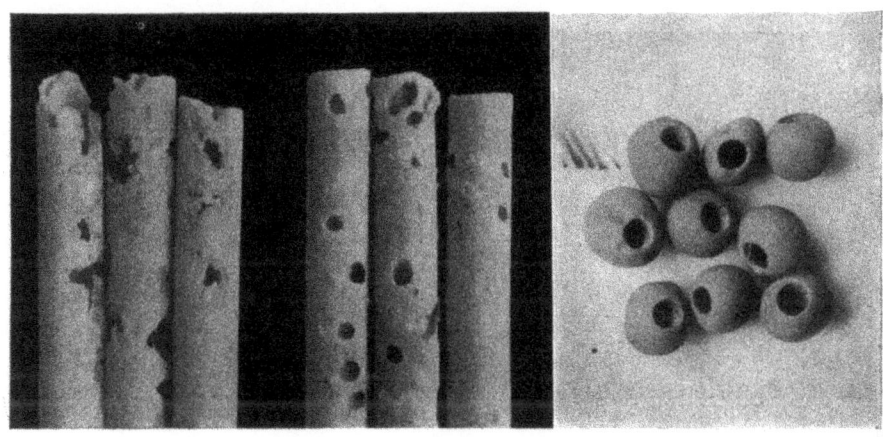

Abb. 26.  Abb. 27.
Abb. 26.
Befallspuren an Makkaroni, links vom Kornkäfer, rechts vom Brotkäfer.
Abb. 27.
Erbsen mit Ausfluglöchern des Erbsenkäfers.

motte (Ephestia kühniella), die Kakaomotte (Ephestia elutella) und die Dörrobstmotte (Plodia interpunctella), und zu beachten ist, daß diese Arten nicht etwa nur diejenigen Lebensmittel befallen, von denen sie ihre Namen erhalten haben, sondern sämtlich in ihrer Nahrungsauswahl sehr wenig wählerisch sind. So kann beispielsweise die Mehlmotte an Getreidekörnern und Getreideprodukten aller Art, an Backwaren, Teigwaren, Kakao, Schokolade, Backobst, Sämereien, Bohnen und vielem anderen mehr zur Massenentwicklung kommen.

Sind die Stoffe von einem feinen „Staub" überdeckt und durchsetzt und nur von außen flächenhaft angefressen (keine Bohrlöcher und tiefen Fraßgruben), so darf man auf Milbenbefall schließen, und man wird dann bei mikroskopischer Untersuchung des „Staubes" in der Regel tote oder auch noch lebende Milben finden können. Als Lebensmittelschädlinge kommen hauptsächlich in Betracht die

Käsemilben (Tyrolichus casei), die vornehmlich an Käse und Rauchfleisch, insbesondere an Schinken leben, die Mehlmilbe (Tyroglyphus farinae), die außer Mehl, Haferflocken, Grieß und dergl. häufig auch Backwaren und Getreide befällt, und die Hausmilbe (Glyciphagus domesticus) sowie einige mit ihr verwandte Arten (z. B. Glyciphagus cadaverum und Carpoglyphus lactis), die sich oft massenhaft auf Backobst und Dörrobst, aber auch in feuchtem Polstermaterial entwickelt und häufig zu einem Befall der ganzen Wohnung führt.

Von besonders großer wirtschaftlicher Bedeutung sind die von Getreide lebenden Schädlinge. Runde Bohrlöcher von 1—3 mm Durchmesser, die an Getreidekörnern, aber auch an hinreichend dick-

Abb. 28.
Vom Khaprakäfer zerfressene Weizen und Gerstenkörner, dazwischen einige Exuvien des Schädlings.

wandigen Teigwaren, z. B. an Makkaroni, gefunden werden, sind meistens auf Kornkäfer (Calandra granaria) oder auf Reiskäfer (C. oryzae) zurückzuführen. Bei stärkerem Befall durch diese Arten sind stets außer den runden Ausfluglöchern auch noch unregelmäßige, tiefe, grubenartige Fraßspuren der geschlechtsreifen Tiere zu finden.

Um bei einem Getreidevorrat den Prozentsatz der Körner festzustellen, der von Calandra-Larven oder -Puppen befallen ist, wirft man einige Schaufeln voll Getreide in einen mit Wasser gefüllten Eimer hinein; nach Umrühren werden dann die gesunden Körner am Boden liegen bleiben, die stärker ausgefressenen aber (sowie die „Schmachtkörner") an der Oberfläche schwimmen.

Ob sich lebende Kornkäfer im Getreide befinden, kann man dadurch feststellen, daß man eine größere Menge desselben in einem Sieb von etwa 2 mm Maschenweite über einem weißen Tuch kräftig schüttelt, oder daß man den Getreidehaufen umschaufelt und einige Zeit auf das Herauskriechen der Tiere wartet.

Das Fraßbild von Korn- und Reiskäfern kann bei oberflächlicher Betrachtung mit dem der Quecken- oder Weizeneulen-Raupe (Hadena basilinea) und des Brotkäfers verwechselt werden. Doch läßt sich auf Grund der folgenden Unterschiede in den meisten

Fällen eine sichere Entscheidung treffen: Die Raupen der Queckeneule, die das Getreide schon vor dem Abernten befallen, fressen in die Körner von außen her unregelmäßige Ausbuchtungen, aber keine runden Löcher hinein. Der angefressene Mehlkörper bleibt dann immer weiß, wohingegen er durch den C a l a n d r a - Fraß in der Regel bräunlich verfärbt wird.

Bei Befall durch den Brotkäfer, der auf dem Imaginalstadium keine Nahrung zu sich nimmt, sind außen an den Körnern nur die

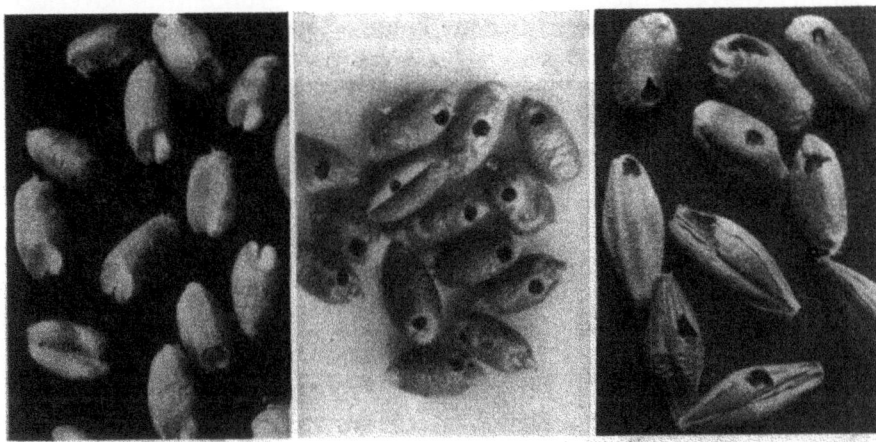

Abb. 29.  Abb. 30.  Abb. 31

Abb. 29.
Weizenkörner, deren Keimling vom Messingkäfer abgefressen wurde.

Abb. 30.
Weizenkörner mit Ausfluglöchern des Brotkäfers.

Abb. 31.
Vom Kornkäfer befallene Weizen- und Gerstenkörner.

kleinen runden Ausfluglöcher, aber keine unregelmäßigen Ausbuchtungen oder Fraßgruben zu finden (vgl. Abb. 26 und 30).

Die K h a p r a k ä f e r larve, die nur in übernormal warmen Lagerräumen an Getreide, Malz u. ä. gedeiht, frißt, wenn sie ungestört bleibt, das Innere der Körner fast völlig aus und greift dann auch die Schale an (vgl. Abb. 28 und S. 10). Ein ähnliches Fraßbild wie durch sie kann auch beim Befall durch die G e t r e i d e m o t t e (S i t o t r o g a  c e r e a l e l l a) entstehen, doch verursacht diese gewöhnlich in der Schale nur rundliche Ausbohr- und Einbohrlöcher.

Manche Insektenarten bevorzugen beim Fraß von den Körnern in starkem Maße den Keimling. Schadwirkungen von der Art wie sie die Abbildung 29 wiedergibt, können außer vom M e s s i n g - k ä f e r auch vom K u g e l k ä f e r und anderen Ptiniden-Arten und ferner vom s c h w a r z e n  G e t r e i d e n a g e r (T e n e b r i o i d e s  m a u r e t a n i c u s) u. a. stammen.

Ein stärkerer Befall von Getreidekörnern durch R a t t e n und M ä u s e läßt sich — auch wenn Kotbrocken nicht aufzufinden sind

— bei Beachtung der im nachfolgenden beschriebenen Freßgewohnheiten der Tiere in den meisten Fällen nachträglich mit hinreichender Sicherheit bestimmen.

M ä u s e (Haus- und Feldmäuse) pflegen das gerade gewählte Korn (mit Ausnahme von Mais) ganz oder doch größtenteils zu zernagen, indem sie 1 bis 2 mm große Stückchen abbeißen. Viele von diesen Stücken entfallen ihnen, bevor sie verschluckt werden konnten, und werden dann nicht wieder aufgenommen, so daß man sie bei dem befallen Getreide oft massenhaft zwischen den größtenteils unverletzt übriggebliebenen Körnern finden kann. Von Hafer- und Gerste-

Abb. 32.  Abb. 33.  Abb. 34.

Abb. 32.
Pferdebohnenkäfer-Befall an Saubohnen.

Abb. 33.
Linsenkäfer-Befall an Linsen.

Abb. 34.
Speisebohnenkäfer-Befall an Bohnen.

körnern reißen die Haus- und Feldmäuse vor dem Fressen die Spelzen in mehr oder weniger breiten Streifen ab (Abb. 37). Beim Maiskorn beginnen die Tiere mit dem Fraß immer am Keimling, nagen dann von der Keimseite aus gewöhnlich noch am Mehlkörper längere Zeit weiter, lassen aber stets einen mehr oder weniger großen Teil des letzteren übrig.

Die R a t t e n hingegen fressen aus dem Maiskorn im allgemeinen nur den Keimling heraus, reißen dabei allerdings oft ein mehr oder weniger großes Stück des Mehlkörpers mit und lassen den übrigen Teil des Kornes unberührt. Dieser läßt dann in der Regel keine Nagespuren erkennen, was bei Mäusefraß fast immer der Fall ist. Die Körner von anderen Getreidesorten beißen die Ratten, ohne vorher zu entspelzen, meistens in Querrichtung etwa in der Mitte durch und fressen dann nur die eine Hälfte, und zwar ist dies bei Gerste fast ausnahmslos die den Keimling enthaltende Hälfte, bei Weizen häufiger aber auch die andere (Abb. 37).

Natürlich gelten die oben gemachten Angaben nur für den in der Praxis ja meistens zutreffenden Fall, daß die Ratten und Mäuse einen größeren Getreidevorrat vor sich haben, so daß sie nicht aus Nahrungsmangel auf bereits einmal angefressene Körner zurückzugreifen brauchen.

An geräucherten **Fleischwaren** (Schinken, Speck, Würsten) sich zeigende Fraßspuren lassen allein nur selten mit hinreichender Sicherheit den Urheber erkennen. Eine Ausnahme bilden die Nagespuren, die von **Ratten und Mäusen** hinterlassen werden und über die weiter unten noch Näheres gesagt werden wird. Von den übrigen in Betracht kommenden Fleischwarenschädlingen verraten

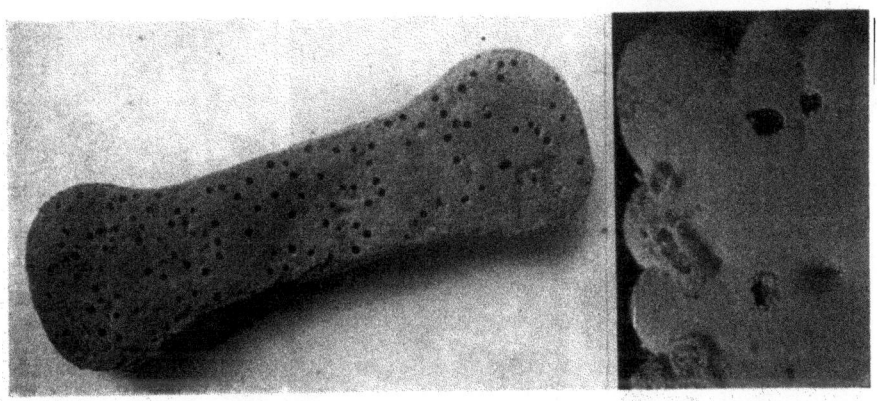

Abb. 35.         Abb. 36.

Abb. 35.
Bohrlöcher vom Brotkäfer an Hundekuchen (⅕ nat. Gr.).

Abb. 36.
Bohrlöcher und Puppenköcher vom Brotkäfer an Keks (3-fach vergr.).

sich die **Speckkäfer** (**Dermestes-Arten**) manchmal durch die oft tief in die trockenen Fleischpartien führenden runden, bis etwa 4 mm weiten **Einbohrlöcher** hauptsächlich der verpuppungsreifen Larven (gewöhnlich aber viel eher durch die Exuvien und Kotschnüre — vgl. S. 50 u. S. 57). In ähnlicher Weise bohren sich auch die **Schinken-** oder **Kolbenkäfer**larven (**Necrobia-** und **Corynetes-Arten**) ein, aber bei ihnen sind die Bohrlöcher in der Regel weit enger als bei den Dermestes-Arten. Die Maden von **Schmeißfliegen** (**Calliphora erythrocephala** und **C. vomitoria**), von **Goldfliegen** (**Lucilia sericata** und **L. caesar**) und von **Käsefliegen** (**Piophila casei**) dringen gewöhnlich an weichen Stellen oder von Falten her in das Fleisch ein, sodaß von ihnen in der Regel keine Einbohröffnungen zu erkennen sind. Durch ihre Fraßtätigkeit im Innern der befallenen Schinken usw. bewirken die Maden der genannten Fliegenarten ein Jauchigwerden des Fleisches an der betreffenden Stelle.

Kleine runde Bohrlöcher, die man an trockenem Gebäck wie Zwieback und Biskuits oder an Suppenwürfeln und anderen festen, trockenen pflanzlichen Nahrungsmitteln findet, stellen in den meisten Fällen die Ausfluglöcher vom Brotkäfer dar. Nach dem Auf-

Abb. 37.
Fraßschäden an Getreide; obere Reihe von links nach rechts: Mehlmotten-Befall an Weizen, Ratten-Fraß an Mais, Ratten-Fraß an Gerste; untere Reihe: Hausmaus-Fraß an Mais, Weizen und Gerste.

brechen der betreffenden Stoffe wird man dann in der Regel leicht die von den Larven hergestellten Fraßgänge und Köcher und oft auch noch tote oder lebende Tiere feststellen.

Die häufig an Hülsenfrüchten zu findenden runden, ziemlich großen Bohrlöcher sind in der Regel auf Samenkäfer zurückzuführen. In Betracht kommen hauptsächlich der Erbsenkäfer, Bruchus pisorum (in Erbsen, Abb. 27), der Linsenkäfer, Br. lentis (in Linsen, Abb. 33), ferner der Saubohnen- und der **Pferdebohnenkäfer** (**Br. atomarius** und **Br. rufimanus**, Abb. 32), die beide außer Saubohnen und Pferdebohnen auch noch andere Hülsenfrüchte befallen können, der **Brasilbohnenkäfer** (**Zabrotes subfasciatus**) in Speisebohnen, Saubohnen, Erbsen, und der **Speisebohnenkäfer** (**Acanthoscelides obsoletus**, Abb. 34) in Speisebohnen, Erbsen, Linsen, Mais u. a..

Von den genannten Schädlingen sind nur die beiden zuletzt aufgeführten bei uns eingeschleppten Arten als eigentliche Lagerschädlinge anzusehen, weil nur sie die bereits geernteten Hülsenfrüchte befallen können, während die anderen ihre Eier nur in die noch frischen Früchte im Freiland ablegen und manchmal auch schon vor dem Einlagern derselben ihre Entwicklung abgeschlossen haben.

Sind Backpflaumen, getrocknete Feigen u. dgl. bei wenig verletzter Außenhaut im Innern von feinen Gängen durchsetzt und teilweise zu einer feinkrümeligen Masse umgewandelt, Gespinstfäden (von Dörrobst- oder anderen Mottenlarven) aber nicht auffindbar, so deutet das auf Befall durch **Saftkäfer-** (**Carpophilus-**) Arten hin (vgl. Kemper 1938).

Im Anschluß an dieses Kapitel möge kurz einiges über die Befallspuren von Schadinsekten an **Drogen** und **Gewürzen** gesagt werden. Wohl als häufigster Schädling kommt hier der **Brotkäfer** in Betracht, der sich in der Regel leicht durch seine bereits mehrfach genannten Ausfluglöcher und durch seine Köcher (vgl. S. 63) verrät. Dann sind als recht oft zu findende Drogen- und Gewürzschädlinge die verschiedenen **Ptinus**-Arten — neuerdings wohl am häufigsten der **Australische Diebskäfer** (**Ptinus tectus**) — zu nennen, die in ihrer Lebensweise weitgehend mit dem Brotkäfer übereinstimmen und auch ähnliche, aber deutlich größere und meistens nicht so zahlreich vorhandenen Bohrlöcher und Kokons hinterlassen. Von den übrigen in Drogen und Gewürzen hin und wieder auftretenden Schädlingen, wie **Dörrobstmotte**, **Moderkäfer**, **Milben** (bei größerer Feuchtigkeit des Substrates), findet man wohl leicht andere Befallsanzeichen, im allgemeinen aber keine Fraßspuren, die eine Bestimmung ermöglichen (vgl. Madel 1938).

### f) an Metall

Umfangreiche und praktisch manchmal folgenschwere Zerstörungen an weichen Metallen (hauptsächlich Blei und Zink) können durch **Ratten** und — seltener — durch **Mäuse** verursacht werden. So wurden beispielsweise von Ratten bleierne Wasserrohre und die Bleiumhüllungen von elektrischen Kabeln durchfressen und Zinkblech-Türbeschläge (Abb. 38 u. 40) zerstört. Solche Zerstörungen kommen in der Regel nur dann vor, wenn die betreffenden Metallgegenstände den Tieren den Weg in einen anderen Raum oder ins Freie versperren. Die Abbildung 38 illustriert jedoch auch ein Beispiel dafür, daß Ratten gelegentlich aus „reinem Mutwillen" Metalle angreifen, denn die dargestellte Zinkblechraufe hing in einem aus Eisendraht angefertigten Zuchtkäfig, in welchem den Ratten Körnernahrung in hinreichender Menge zur Verfügung stand.

An Bleigegenständen lassen sich die etwa vorhandenen Nagespuren von Ratten oder Mäusen stets besonders deutlich erkennen. Fast immer laufen mehrere Zahnzüge parallel zueinander. Die einzelnen Rillen können bis zu etwa 1½ cm lang sein. Ihre Breite beträgt entsprechend dem Bau der unteren Nagezähne der Tiere rd. 1 mm, und sie sind im Querschnitt halbkreisförmig oder flacher.

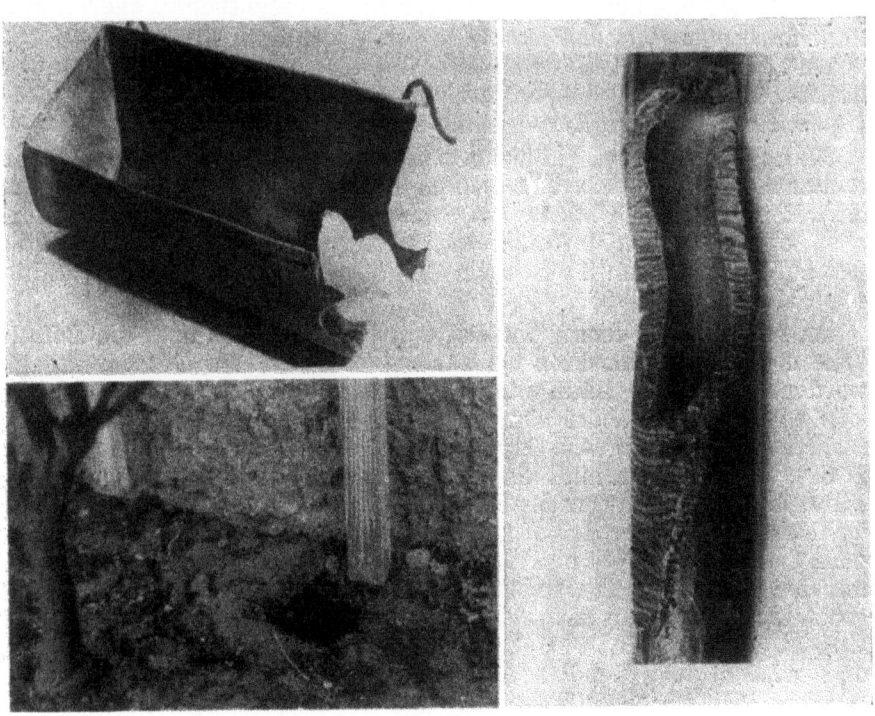

Abb. 38.
Spuren der Wanderratte; links oben: Nagespuren an einer Zinkblechraufe (¼ nat. Gr.), links unten: Eingang zu einem Erdbau, rechts: zernagtes Bleirohr (fast nat. Gr.).

An den Rändern der benagten Stellen kann man vielfach auch die Abdrücke der oberen Nagezähne als eine Reihe von Vertiefungen erkennen (vgl. den unteren Teil des in Abb. 38 dargestellten Rohres). Die angegebenen Maße beziehen sich auf die Wanderratte (Epimys norvegicus). Bei der Hausratte (Epimys rattus) sind sie um ein geringes kleiner, und bei der Hausmaus (Mus musculus) sind Länge, Breite und Tiefe der einzelnen, sonst gleichartigen Zahnzüge nur knapp halb so groß wie bei der Wanderratte.

Auch einige Insekten können Blei und andere weiche Metalle (wie Zinnfolie und Zinkblech) angreifen und haben in manchen Fällen durch Einbohren in bleierne Wasserleitungsrohre oder in Bleiumhüllungen von Kabeln erheblichen Schaden angerichtet. Es handelt sich dabei meistens um solche Arten, die ihre Entwicklung im Holz durchmachen und nach Abschluß derselben die ihnen den Weg ins Freie versperrenden Metalle durchnagen oder doch annagen. Von den Hausschädlingen kommen dabei hauptsächlich die Holzwespen und der Hausbockkäfer in Betracht, deren Ausfluglöcher und Bohrgänge oben bereits beschrieben wurden. Aber auch die schon erwähnten Dermestes - Arten können sich, wie experimentell und in Fällen der Praxis nachgewiesen wurde, zum mindesten in Blei einbohren (vgl. Bauer und Vollenbrück 1930 und 1931 und Horn 1933, 1934, 1937 und 1939).

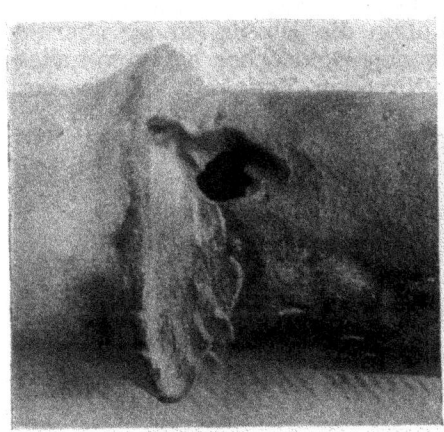 

Abb. 39.    Abb. 40.

Abb. 39.
Schadstelle an einem bleiernen Wasserleitungsrohr (Näheres im Text).
($^2/_3$ nat. Gr.)

Abb. 40.
Rattenloch an einem Türpfosten. Das Tier hat, um ins Freie zu gelangen, nicht nur das Holz des Pfostens, sondern auch den Zinkblechbeschlag und den Zementfußboden benagt.

Die Abbildung 39 möge als Beispiel dafür gelten, daß auf andere Art bewirkte Beschädigungen bei nicht genügend sorgfältiger Untersuchung manchmal leicht mit Schädlingsbefall verwechselt werden können. Die dargestellte Zerstörung an einem bleiernen Wasserleitungsrohr, das in Sandboden verlegt gewesen war, wurde anfänglich für das Werk eines Insektes gehalten. Ein Korrosionsfachmann konnte sie dann aber darauf zurückführen, daß an der Lötstelle des betreffenden Rohres infolge einer kleinen Undichtigkeit unter Druck Wasser ausgetreten war, und daß dieses dabei Sandkörnchen umhergewirbelt hatte, die nun im Laufe der Zeit die ziemlich dicke Bleiwandung durchlöchert hatten. Maßgebend für diese Erklärung war u. a. die Feststellung, daß an den Wandungen und namentlich am Grunde der tief grubenförmigen Korrosionen feine, völlig konzentrisch verlaufende Riefen zu finden waren, und daß zur Erzeugung derselben nach dem, was wir über den Bau der Mundwerkzeuge wissen, kein Insekt oder sonst in Betracht kommendes Tier imstande wäre.

### g) an sonstigen Stoffen

Der Linoleum-Fußbodenbelag wird in Neubauwohnungen (bis 5 Jahre nach Errichtung des Hauses) nicht selten durch runde Bohrlöcher beschädigt, die einen Durchmesser von etwa 5 mm haben. Sie sind auf ausgeschlüpfte Holzwespen zurückzuführen, die sich in dem darunter befindlichen Holz entwickelt hatten. Auch die übrigen Schädlinge des verarbeiteten Nutzholzes (Pochkäfer, Parkettkäfer und Bockkäfer) können im Linoleum und anderen dem Holz aufliegenden Stoffen die jeweils für sie charakteristischen, oben bereits beschriebenen Bohrlöcher als gewöhnlich recht eindeutige Spuren ihrer zerstörenden Tätigkeit hinterlassen.

Abb. 41.   Abb. 42.

Abb. 41.
Bohrlöcher von verpuppungsreifen Dornspeckkäfer-Larven an Flaschenkorken. (²/₃ nat. Gr.)

Abb. 42.
Bohrlöcher von verpuppungsreifen Larven des Peruvianischen Speckkäfers an Kieferholzleisten (²/₃ nat. Gr.).

Die Larven einiger Lebensmittelschädlinge haben die Gewohnheit, sich im ausgewachsenen Zustande zur Anlage einer sog. Puppenwiege in feste Stoffe einzubohren. Das trifft besonders für die Speckkäfer- (Dermestes-) Arten zu. Die rd. 3 mm weiten Einbohrlöcher derselben und die dahinter liegenden, meistens nicht über 2 cm langen Gänge hat man u. a. in Kork, Holz, Asbest, Tabakballen, Kreide, Leder und auch im Stuck gefunden (Abb. 41 u. 42). Aber auch noch verschiedene andere Käferlarven (z. B. vom schwarzen Getreidenager, Tenebrioides mauretanicus, und vom Mehlkäfer) sowie Mottenraupen (Kornmotte, Tinea granella, und Mehlmotte, Ephestia kühniella) legen zum Schutz der Puppe oft kurze Bohrgänge in ziemlich festen Materialien, am häufigsten in weichen Partien des Balkenwerks von Lagerräumen an.

In diesen als Puppenwiege verwendeten Bohrlöchern, welche, wie bereits gesagt wurde, bei Betrachtung von außen her u. U. mit den Ausflugöffnungen von „Holzwürmern" verwechselt werden können, sind fast immer die letzte Larvenhaut sowie die Puppenhaut zu finden, und diese ermöglichen es, sofern sie mit genügender Sorgfalt, d. h. möglichst unbeschädigt herausgeholt wurden, wenigstens dem Spezialisten in den meisten Fällen die in Betracht kommende Schädlingsart anzugeben. Ob die Puppenwiege von einer Mottenart oder von einer Käferart stammt, läßt sich überdies schon äußerlich daran erkennen, daß die Mottenraupen vor der Verpuppung stets die Öffnung mit einem dichten Gespinst verschließen, die Käfer dagegen nicht.

## 5. Kotspuren

Unter den Kotspuren von Hausschädlingen sind die der **Bettwanze** in der Praxis am häufigsten von Wichtigkeit. Der Bekämpfungsfachmann, der über das Befallensein oder Nichtbefallensein einer Wohnung einen „Wanzenschein" ausstellen oder als sachverständiger Zeuge vor Gericht entsprechende Aussagen machen soll, muß sie einwandfrei bestimmen können, und überdies ist es erwünscht, daß auch jeder Laie, der alte Möbel oder sonstige Gebrauchsgegenstände einkaufen oder in eine andere Wohnung einziehen will, oder dem seine eigene Wohnung wanzenverdächtig erscheint, diese sicheren Anzeichen der Verwanzung aufzufinden und zu erkennen vermag. Es erscheint daher angebracht, den Wanzenkot etwas eingehender zu besprechen.

Vorauszubemerken ist folgendes: Es genügt in vielen Fällen, z. B. für ein Gutachten oder eine Zeugenaussage, bei weitem nicht, nur festzustellen, daß Wanzenkot da ist, sondern es ist notwendig, auch einiges über die Menge desselben sowie über die Ablagestelle anzugeben, weil sich daraus oft weitgehende Rückschlüsse ziehen lassen. Drei aus der Praxis entnommene Fälle mögen das dartun:

Der Mieter A wurde in seiner Wohnung drei Wochen nach seinem Einzug von Wanzen gestochen. Der gleich darauf zugezogene Kammerjäger fand in dem Schlafzimmer 6 lebende Wanzen und außerdem an 5 verschiedenen Stellen der Wände sowie an einer Stelle hinter dem Türrahmen (nicht aber an den Möbeln) umfangreiche Kotablagerungen („mehrere Tausend Kotflecken"), sowie leere Larvenhäute und Eihüllen (vgl. weiter unten). Dieser Befund läßt mit Sicherheit erkennen, daß die betreffende Wohnung — entgegen den Behauptungen des Hausbesitzers — schon vor dem Einzug des Mieters verwanzt war.

Die alleinstehende Mieterin B fand im Schlafzimmer der von ihr schon jahrelang bewohnten 1½-Zimmer-Wohnung in Abständen von 1, 2 und 4 Wochen jedesmal eine erwachsene Wanze. Der hinzugezogene Fachmann konnte trotz sorgfältigster Untersuchung außer zwei Kotflecken an der Bettstelle keine Spuren von Wanzen und auch keine lebenden Wanzen feststellen. Seine Annahme, die drei erwähnten Tiere seien aus der als ziemlich stark verwanzt befundenen Nachbarwohnung der gleichen Etage zugewandert, kann als berechtigt bezeichnet werden.

Bei genauer Untersuchung der Wohnung des Mieters C wurden nur an einer Couch, die 6 Wochen vorher in einer Althandlung gekauft war, an drei verschiedenen Stellen ziemlich starke Kotablagerungen von Bettwanzen festgestellt. Außerdem wurden in der Nähe der zu Schlafzwecken benutzten Couch hinter einem Wandspiegel zwei lebende Vollkerfe und eine lebende Larve gefunden. Da sich in der Wohnung vorher keine Wanzen bemerkbar gemacht hatten, und da die Nachbarwohnungen des gleichen Hauses nach Aussage ihrer Inhaber wanzenfrei waren, muß als sehr wahrscheinlich angenommen werden, daß die Einschleppung des Ungeziefers mit der Couch erfolgte.

Aus der makroskopisch und mikroskopisch feststellbaren Beschaffenheit des trocken gewordenen Wanzenkotes lassen sich — entgegen einer viel geäußerten Ansicht — nach unserm bisherigen Wissen keine Rückschlüsse auf das Alter desselben ziehen. Daraus aber, ob die Kotflecken von einer Staubschicht überzogen sind oder nicht und ob Kotspuren vorhanden sind, die mit Tapete überklebt oder mit Farbe überstrichen sind, können manchmal in der Praxis wertvolle Schlußfolgerungen hinsichtlich des Alters einer vorliegenden Verwanzung gezogen werden.

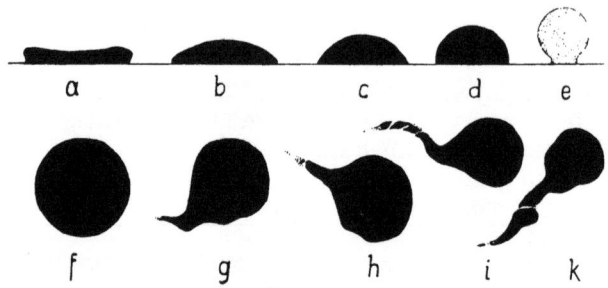

Abb. 43.
Kothäufchen der Bettwanze; oben: Querschnitte, unten: Grundrisse.
(Näheres im Text)

Bezüglich des Ortes der Kotablage läßt sich folgendes sagen: Die Wanzen laufen, nachdem sie Blut gesogen haben, in der Regel sofort wieder zu den vorher innegehabten Verstecken zurück, um dort bis zur nächsten Mahlzeit zu bleiben. In den auch als „Wanzenbrutherde" bezeichneten Schlupfwinkeln, die in Ritzen, Fugen und Ecken von Bettstellen und sonstigen Möbeln, hinter lockeren Tapeten, Scheuerleisten, Tür- und Fensterrahmen, Bildern und Wandspiegeln sowie in Mauerrissen, Nagellöchern, Stechkontakten, Lichtschaltern usw. gelegen sind, finden wir deshalb immer und oft sehr reichliche Kotablagerungen (und meistens auch die weiter unten näher beschriebenen Larvenhäute und Eihüllen, sowie auch die Tiere selbst und ihre Eier). Es kommt jedoch auch nicht selten vor, daß die Wanzen schon auf dem Rückweg zu ihrem Brutherd ihren Enddarm entleeren und daß somit vereinzelte Kotflecken auf der Bettdecke, an freiliegenden Stellen der Bettstelle oder der Tapete zu finden sind. Bei sehr starkem Massenauftreten können sich die Wanzen aus Mangel an geeigneten Schlupfwinkeln auch an der Oberseite der Tapete ansiedeln und dann dort umfangreiche Kotfelder hinterlassen (vgl. H a s e 1917).

Die Konsistenz, in welcher der Wanzenkot abgesetzt wird, ist je nach dem Füllungsgrad des Darmes der Tiere verschieden, und damit variiert auch die Form des Kothäufchens. Am häufigsten sind die in der Abb. 43 unter b, c und d wiedergegebenen kalotten- bis halbkugelförmigen Haufen. (Einige derselben sind in Abb. 53 am Seitenrand der Tapetenleiste deutlich zu erkennen). Die Form e habe ich nur bei hell (gelblich oder grau) gefärbten Kotspuren gefunden. Die unter g bis k wiedergegebenen und auch noch verschiedene andere Umrißformen kommen dadurch zustande, daß die Wanze beim Kotabsetzen entgegen ihrer Gewohnheit weiterläuft.

Die obigen Angaben über die Form der Kotflecken gelten nicht für den Fall, daß die Ablage auf einer stark porösen Unterlage, z. B. auf Löschpapier erfolgte, denn eine solche bewirkt meistens ein starkes und völlig unregelmäßiges Auseinanderlaufen der Kotmenge. Natürlich kann die ursprüngliche Form auch dadurch weitgehend abgeändert worden sein, daß eine Wanze, wie es an den Brutherden häufig vorkommt, über den noch nicht eingetrockneten Kothaufen läuft.

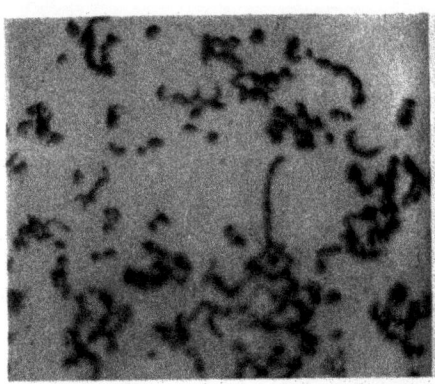 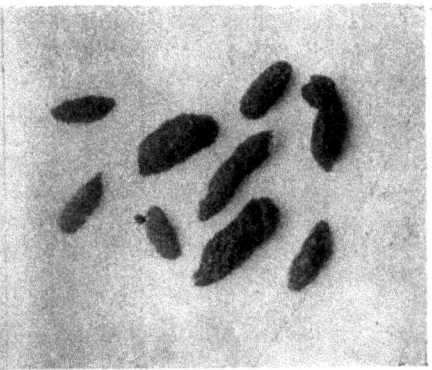

Abb. 44.     Abb. 45.

Abb. 44.
Kot der Kleiderlaus (4-fach vergr.).

Abb. 45.
Wanderratten-Kot (nat. Gr.).

Auch die Farbe des Wanzenkotes ist weitgehenden Schwankungen unterworfen. Am häufigsten sind schwarze (matt oder lackartig glänzend), seltener hell- oder dunkel- und gelblichgraue Flecken, und vereinzelt kommen auch schmutzig-gelbweiße und (nach Hase 1917) selbst rötliche Färbungen vor.

Der Wanzenkot ist in Wasser aufschwemmbar, läßt sich aber von Tapeten und poliertem Holz meistens nicht so entfernen, daß keine Spur sichtbar bleibt, weil die anfänglich in ihm enthaltene Feuchtigkeit die Farbe der Tapete bzw. den Lack wenigstens etwas angreift.

Wie bei genügend starker Mikroskopvergrößerung leicht zu erkennen ist, besteht der in Wasser aufgeschwemmte Wanzenkot, unabhängig von seinem Alter und seiner Farbe, zum größten Teil aus kleinen Kügelchen und im übrigen aus feinen amorphen Partikelchen (Abb. 46). Bei den Kugeln handelt es sich, wie ich nach der Größenordnung und nach dem Ergebnis einiger Darminhaltsuntersuchungen an lebenden Tieren annehme, um die jetzt etwas gequollenen und mit Wasser und oft etwas Detritus angefüllten Häute der roten menschlichen Blutkörperchen.

Bei oberflächlicher Betrachtung könnte der Wanzenkot mit Fliegenkot und mit Spinnenkot verwechselt werden, doch ist bei Beachtung der folgenden Unterschiede die Entscheidung immer mit Sicherheit und meistens auch ohne viel Schwierigkeit möglich.

Die F l i e g e n (Stechfliegen, Stubenfliegen und Schmeißfliegen) setzen ihren Kot in der Regel an stark belichteten Stellen, wie Beleuchtungskörpern, Fensterscheiben, Wandspiegeln, Gardinen, hellen Tapeten usw., im Gegensatz zu den Bettwanzen aber nicht an schwer zugänglichen und dunklen Stellen ab. Der Fliegenkot ist nach meinen Beobachtungen immer schwarz (meistens lackartig glänzend) oder dunkelbraun, aber niemals gelb oder hellgrau gefärbt und bildet

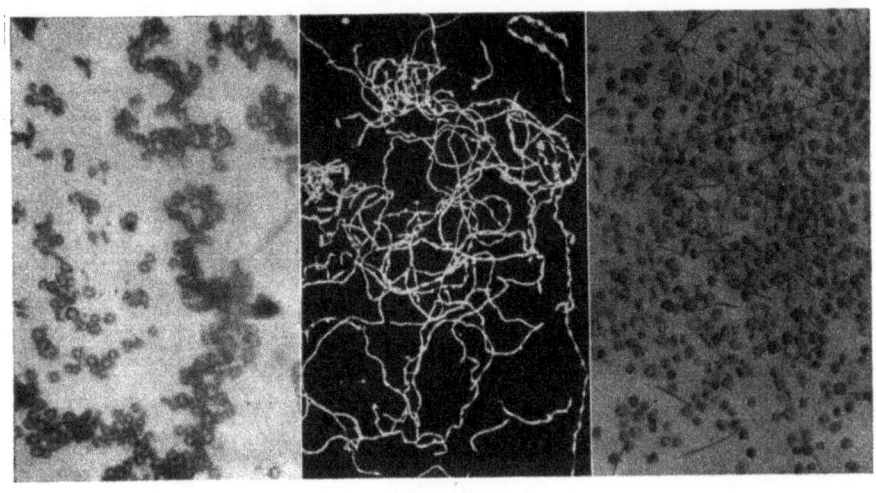

Abb. 46.   Abb. 47.   Abb. 48.

Abb. 46.
In Wasser aufgeschwemmter Bettwanzenkot (Mikrophot.).

Abb. 47.
Kotschnüre der Larven des Peruvianischen Speckkäfers (1½-fach vergr.).

Abb. 48.
Kotbröckchen der Kleidermotten-Raupe (dazwischen abgebissene Wollfasern).
(etwa 4-fach vergr.).

flachere Haufen (keine halbkugeligen oder gar kugeligen Formen) als der Wanzenkot. Schwemmt man ihn in Wasser auf, so erkennt man bei mikroskopischer Untersuchung eine ziemlich gleichmäßige, völlig amorphe feinkörnige Masse, die keine Kügelchen enthält.

Die Kotablagerungen von S p i n n e n — in Betracht kommen hier hauptsächlich Haus- oder Fensterspinnen, T e g e n a r i a - Arten — gleichen in ihrer Farbe und Größe sowie auch hinsichtlich der Stellen, an denen sie zu finden sind, oft denen der Bettwanze. Bei mikroskopischer Untersuchung (nach Aufschwemmen in Wasser) lassen sie sich jedoch immer mit voller Sicherheit von jenen an dem Fehlen der oben erwähnten für Wanzenkot charakteristischen Kügelchen unterscheiden. Meistens ist der Spinnenkot auch schon mit bloßem Auge als solcher zu erkennen. Er besteht aus zwei verschiedenartigen Bestandteilen, von denen der erste nach dem Aufschwemmen in sehr feine, meistens hellgrau gefärbte Flocken zerfällt, während der zweite aus ziemlich dunkel gefärbten, unregelmäßig umgrenzten Partikeln — wohl den nur teilweise verdauten Chitinresten der gefressenen Insekten — besteht.

Die F l ö h e setzen ihren Kot in Form kleiner schwarzer Tropfen ab und scheiden bei jedem Saugakt mehrere Male kleine Tröpfchen mehr oder weniger unverdauten Blutes aus. Findet man also an der Bett- oder Leibwäsche neben schwarzen Kotspuren auch in größerer Anzahl bis etwa stecknadelkopfgroße Blutflecken, so deutet das in der Regel auf Flohbefall hin (vgl. P e u s 1938). Solche Blutflecken können jedoch — namentlich dann, wenn sie in der Leibwäsche zu finden sind — auch von K l e i d e r l ä u s e n herrühren. Im allgemeinen setzen diese aber ihren Kot in Form von unregelmäßigen Brocken (Abb. 44) und in so fester Konsistenz ab, daß sie auch auf saugfähiger Unterlage nicht auseinanderlaufen und oft nicht einmal an dieser haften bleiben. Die einzelnen Kotbrocken, die gewöhnlich eine dunkelrote Färbung haben und in denen sich oft noch, wie beim Wanzenkot, die Form der menschlichen Blutkörperchen mikroskopisch nachweisen läßt, bleiben vielfach in kurzen, perlschnurartigen, gewöhnlich spiralig etwas eingerollten Strängen aneinander haften. Dies scheint nach meinen Erfahrungen meistens dann der Fall zu sein, wenn die Läuse mit der Kotabgabe schon während des Blutsaugens beginnen, wie es häufig zutrifft (vgl. H a s e 1915).

Der Kot des S i l b e r f i s c h c h e n s wird in Form länglicher Brocken abgelegt, die oft an einem oder auch an beiden Enden in feine dünne Spitzen auslaufen, die meistens weißlich grau, braun oder gelblich, manchmal aber auch entsprechend dem Nährsubstrat der Tiere anders gefärbt sind und die, einzeln oder zu unregelmäßigen Häufchen vereinigt, zwischen alten Briefschaften, in Büchern und an anderen Stellen mit unbewaffnetem Auge noch gerade zu erkennen sind (vgl. H a s e 1937).

Der S c h a b e n k o t hat je nach der Ernährung der Tiere entweder eine breiige oder ziemlich feste Konsistenz. Im letzteren Falle kann er bei den Imagines und älteren Larven der größeren Arten (B l a t t a o r i e n t a l i s und P e r i p l a n e t a a m e r i c a n a) zu Verwechselungen mit M ä u s e k o t Anlaß geben, denn er gleicht diesem in Färbung, Größe und Form oft weitgehend (vgl. Abb. 49 und Abb. 50). Allerdings sind die (festen) Kotbrocken der Schaben im Gegensatz zu denen der Mäuse meistens nicht an einem Ende zugespitzt. Setzen die Schaben breiigen Kot auf einer saugfähigen Unterlage, z. B. auf einer Tischdecke, ab, so entsteht dadurch ein rundlicher, aber nicht regelmäßig umgrenzter, meistens dunkel gefärbter Fleck, der aus festen Partikelchen besteht und der von einem großen, schmutzigen, auf die ausgezogene Flüssigkeit zurückzuführenden Hof umgeben ist (vgl. auch W i l l e 1920).

Der Kot der verschiedenen Mottenlarven, den man an den Fraßstellen der Tiere fast immer finden kann, ist stets trocken und stimmt in der Färbung meistens mit der Farbe des Nährsubstrates überein. Er hat gewöhnlich die Form einer Walze, deren Durchmesser und Länge annähernd gleich groß sind (Abb. 48).

Die Kotbröckchen der Pelz- und Teppichkäferlarven sind gleich denen der Kleidermottenraupe trocken, dem Nährsubstrat entsprechend gefärbt, aber, wie man bei genügender Vergrößerung erkennen kann, gewöhnlich nicht walzenförmig, sondern völlig unregelmäßig geformt, überdies meistens kleiner und selten in großer Menge beieinander zu finden.

Auffällig und charakteristisch geformt sind die Exkremente der Larven von Speckkäfern (Dermestes lardarius, vulpinus und peruvianus). Sie stellen bis zu 20 cm lange Fäden

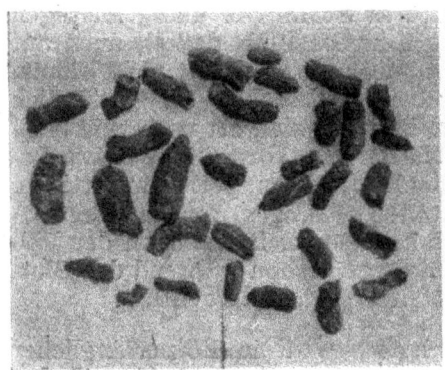 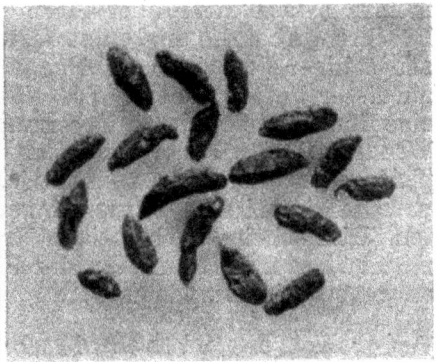

Abb. 49.                                   Abb. 50.
Abb. 49.
Kot der Amerikanischen Schabe (1¾-fach vergr.).
Abb. 50.
Kot der Hausmaus (1¾-fach vergr.).

dar, die z. T. gleichmäßig dick, z. T. aber mit regelmäßig angeordneten Einschnürungen versehen (perschnurartig) sind und die in ihrer Färbung mit dem Nährsubstrat übereinstimmen (Abb. 47). Die Fäden, die bei trockener Ernährung der Tiere meistens zu kleinen Enden auseinanderbrechen, haben eine gewisse Ähnlichkeit mit den weiter unten zu beschreibenden Sekretfäden einiger Diebskäferarten, lassen sich von diesen jedoch bei Lupenvergrößerung leicht an der Färbung und dem Vorhandensein der Einschnürungen unterscheiden.

Die Losung der Wanderratte (Abb. 45) ist meistens ziemlich fest, kann aber auch breiig sein. Die Färbung ist je nach der Ernährung der Tiere verschieden und meistens schwarz, grau oder gelbbraun. Die Länge der Scybala, die in der Regel an einem Ende spitz ausgezogen sind, schwankt etwa zwischen 7 und 19 mm (durchschnittlich 14 mm), und der Durchmesser beträgt 3 bis 7 (durchschnittlich 5) mm.

Der Mäusekot (Abb. 50) gleicht in Form, Konsistenz und Färbung dem Rattenkot. Einige von mir durchgeführte Messungen ergaben für die Länge Werte zwischen 3 und 8,4 (durchschnittl. 5,2) und für die Dicke solche zwischen 1,5 und 2,5 mm.

## 6. Eihüllen

Die Eier fast aller als Hausschädlinge häufiger auftretenden Insekten sind heute so gut bekannt, daß der Fachmann sie mit hinreichender Sicherheit bestimmen kann, und auch die leeren Schalen dieser Eier lassen sich nach genauer mikroskopischer Untersuchung in den meisten Fällen richtig deuten. Es scheint mir nicht angebracht und notwendig zu sein, im Rahmen dieser hauptsächlich für den Praktiker geschriebenen Abhandlung eine vollständige Bestimmungstabelle der Eier oder Eihüllen sämtlicher in Frage kommender Haus-

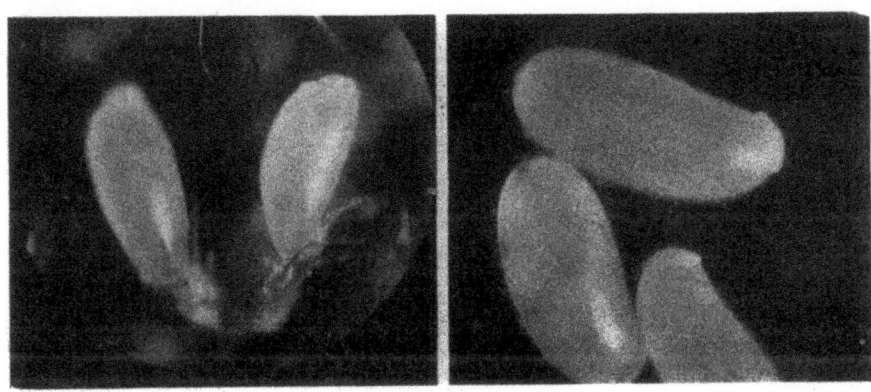

Abb. 51.                                   Abb. 52.
Abb. 51.
Kleiderlaus-Eier, an Anzugstoff festgeklebt (30-fach vergr.).
Abb. 52.
Bettwanzen-Eier (30-fach vergr.).

und Gesundheitsschädlinge zu bringen. Es sollen hier vielmehr nur solche Eihüllen Berücksichtigung finden, die auch der Praktiker bei seinen Arbeiten häufiger finden kann und deren Beachtung für ihn von Wichtigkeit ist.

Das Letztgesagte gilt am meisten für die Eihüllen der B e t t w a n z e. Diese sind fast immer mit einer in Wasser lösbaren, gelatineartigen Kittmasse an der Unterlage festgeheftet und zeigen die gleiche Umrißform wie die Eier selbst: 0,8—1,31 mm lang, 0,44 bis 0,62 mm breit, ziemlich glattwandig, am vorderen Pol etwas zur Seite hin umgebogen und dort wie schräg abgeschnitten endigend. Von den Eiern selbst lassen sie sich schon bei schwacher Vergrößerung leicht daran unterscheiden, daß bei ihnen der Deckel fehlt und daß sie niemals gelblich getönt sind, sondern immer rein weiß erscheinen und bei entsprechendem Lichteinfall ein deutliches Irrisieren zeigen (vgl. Abb. 52 u. 53). Sie werden am zahlreichsten an den oben bereits erwähnten Wanzenbrutherden gefunden. Aus der Anzahl der vorhandenen Eihüllen, den Stellen, an denen sie sich befinden und insbesondere aus ihrem Mengenverhältnis zu den gleichzeitig aufgefundenen lebenden Tieren, Kotspuren, entwicklungsfähigen Eiern usw. lassen sich — und das ist bei Rechtsstreitigkeiten oft wichtig — weitgehende Rückschlüsse auf das Alter und die Ursache der Verwanzung ziehen. Erwähnt sei noch, daß die abgestorbenen Wanzeneier von den noch lebenden und auch von den leeren Eischalen in der Regel leicht daran unterschieden werden können, daß sie infolge von Schrumpfung eingedellt sind und ferner, daß die Wanzenweibchen häufig neben normalen Eiern einen mehr oder weniger großen Prozentsatz tauber, d. h. nicht entwicklungsfähiger Eier ablegen, die viel kleiner als die anderen und oft verbogen oder sonstwie deformiert sind.

Abb. 53.          Abb. 54.

Abb. 53.
Bettwanzen-„Brutherd" an der Rückseite einer Tapetenleiste: Kothäufchen, Eihüllen, Larvenhäute (1½-fach vergr.).

Abb. 54.
Abgeworfene Larvenhaut der Bettwanze (5-fach vergr.).

Die etwas derbschaligen Hüllen der auch als N i s s e bezeichneten L ä u s e e i e r bleiben gleichfalls fast immer an der Unterlage haften. Bei ihnen ist die Kittmasse in der Regel viel reichlicher als bei Wanzeneiern und nicht in Wasser aufweichbar. Die Ausschlüpföffnung, welche durch Abstoßen des kronenförmigen Deckels durch die Junglarve entstanden ist, liegt nicht seitlich, sondern fast gerade an dem einen von der Anheftestelle weggerichteten Pol. Meistens werden die Eier der K o p f l a u s (P e d i c u l u s  c a p i t i s) an die Kopfhaare des Menschen, die der K l e i d e r l a u s (P e d i c u l u s  c o r p o r i s) an die Kleidung und die der F i l z l a u s (P h t h i r u s  p u b i s) an die Schamhaare (selten an die Achsel-, Brust oder Augenbrauenhaare) festgeklebt (vgl. Abb. 51, 56 und 57).

Für die Eier und Eischalen der verschiedenen Tierläuse gilt hinsichtlich der Form und Anheftungsart im wesentlichen das gleiche wie für die Menschenläuse. Beachtung verdienen hier die Eischalen von P f e r d e l ä u s e n, weil sie recht oft an Roßhaar-Polstermaterial sowie an Roßhaarbürsten und -pinseln gefunden werden und dann den Laien zu Verwechselungen und falschen Auffassungen führen.

Eine weitgehende Ähnlichkeit mit den Läusenissen haben die Eier der Haarlinge und Federlinge (Mallophagen), die an den Haaren oder Federn von Säugetieren oder Vögeln angeheftet werden (Abb. 55). Zu unterscheiden sind sie von den Läuseeiern an der geringeren Größe und meist auch an dem Fehlen eines scharf abgesetzten Deckels oder, nach Abwerfen desselben, an dem nicht so glattwandigen Schlüpfloch. Ich erwähne sie hier, weil mir 2 Fälle bekannt geworden sind, in denen Eischalen von Haarlingen an zugerichteten Pelzen — es handelte sich um Trichodectes memphitidis Pack. an Skunks — hafteten und zu der irrigen Annahme geführt hatten, es läge Verlausung vor.

Für das Auffinden der Brutstätten von Hausmücken (Culex pipiens und Theobaldia annulata) und damit auch für die erfolgreiche Bekämpfung dieser Tiere ist in vielen Fällen wichtig, auf die Eigelege derselben zu achten. Man findet sie auf der Oberfläche — hauptsächlich an den Rändern — von kleinen bis sehr kleinen Wasseransammlungen, z. B. in Regenwassertonnen, Zierteichen, ausgemauerten Schmutzfängen unter Fußabkratzern, Jauche-

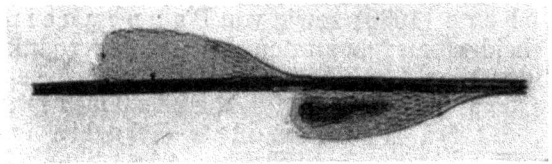

Abb. 55.
Eier eines Haarlings (Trimenopon jenningsi K. u. P.) an einem Haar von der Kopfseite eines Meerschweinchens (nach Wd. Eichler).

gruben und Straßengossen. Sie bestehen aus 200 bis 300 pallisadenartig nebeneinander stehenden, dunkelbraun gefärbten Eiern, die spindelförmig, am stets unten liegenden Kopfende mit einem feinen Haarkranz versehen und dicker sind als am spitzzulaufenden Hinterende. Vor dem Ausschlüpfen der Junglarven zeigt das etwa 7 bis 10 mm lange Gelege, wie Abbildung 58 erkennen läßt, stets eine Hohlwölbung und die Form eines kleinen Kahnes („Eierschiffchen"). Nach dem Schlüpfen erscheint es flach und fällt dann auseinander (vergl. Peus 1939).

Die Eier und damit auch die Eihüllen aller als Hausschädlinge auftretenden Motten- und Zünslerarten sind weiß und kurzoval geformt. Sie werden einzeln auf das Nährsubstrat der Larven oder auf sonstige rauhe Flächen abgelegt. Ihre Oberfläche weist, wie sich bei genügend starker Vergrößerung erkennen läßt, eine Struktur (Leisten und Grate) auf, die nach den bisher vorliegenden Untersuchungen von Art zu Art durchaus verschieden ist und deshalb zur sicheren Bestimmung der in Betracht kommenden Spezies verwendet werden kann. Die Eier und Eischalen der Kleidermotte, deren

Beachtung in der Praxis wohl am häufigsten von Wichtigkeit ist, die
eine durchschnittliche Länge von etwa 0,5 mm und eine durchschnittliche Breite von 0,3 mm haben und somit auf dunklen Textilstoffen

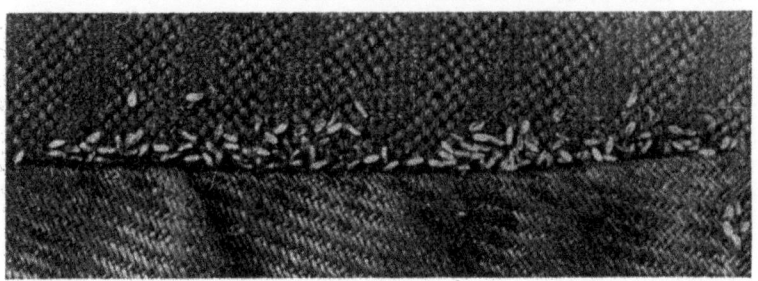

Abb. 56.
Kleiderlaus-Eier an einer Stoffnaht.
(2-fach vergr. — nach Hase und Reichmuth)

auch mit bloßem Auge noch deutlich erkennbar sind, weisen auf
ihrer Oberfläche eine große Anzahl unregelmäßiger, flacher, durch
Verdickungsleisten von einander getrennter Vertiefungen auf. Bezüglich näherer Einzelheiten sei auf die Arbeiten von Lehmensick und Liebers (1938) sowie von Pappenheim (1938) verwiesen. Den beiden erstgenannten Autoren verdanken wir eine
Beschreibung der Eier der Kleidermotte, des Samenzünslers (Aphomia gularis), des Mehlzünslers (Pyralis farinalis), der Dörrobstmotte (Plodia interpunctella), der Mehlmotte (Ephestia kühniella), der

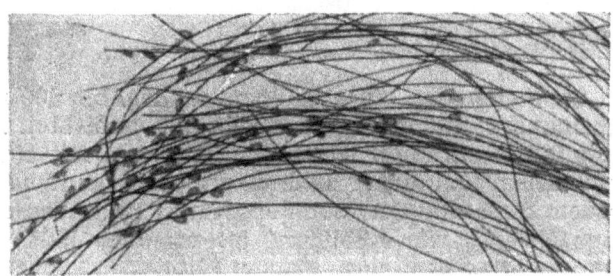

Abb. 57.
Kopflaus-Eier an Haaren (2-fach vergr. — nach Hase und Reichmuth).

Heu- oder Kakaomotte (Ephestia elutella) und der
Dattelmotte (Ephestia cautella). Pappenheim
untersuchte die Oberflächenstruktur der Eier der Pelzmotte
(Tinea pellionella), der Samenmotte (Borkhausenia pseudospretella), der Nestermotte (Tinea
fuscipunctella), der Kleistermotte (Endrosis
lacteella) und von Tinea columbariella.

Die Eier und Eischalen der **Anthrenus**- und **Attagenus**-Arten, die man gleich den Kleidermotteneiern auf dunkler Unterlage mit bloßem Auge noch gut erkennen kann, sind etwa bis zu 1,5 mm lang und fast halb so breit. Ihre Oberfläche zeigt eine undeutliche und unregelmäßige Längsstruktur, und an ihrem einen Ende tragen die Eier feine haar- und lappenförmige Fortsätze. Die Eischalen sind häufig von den ausschlüpfenden Junglarven zur Hälfte oder noch mehr aufgefressen.

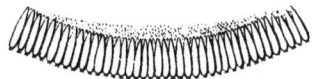

Abb. 58.
Eierschiffchen der gemeinen Hausmücke (**Culex pipiens** — nach Peus).

Als sichere und leicht erkennbare Anzeichen für **Schaben**-befall können die hartschaligen und dauerhaften Eiköcher dieser Tiere dienen (Abb. 59). Diese sind bei der Deutschen oder Hausschabe (**Phyllodromia germanica**) lehmgelb, deutlich quergeriefelt, rd. 6 mm lang, rd. 3 mm breit und rd. 2,2 mm hoch. Bei der Küchenschabe (**Blatta orientalis**) und bei der Amerika-

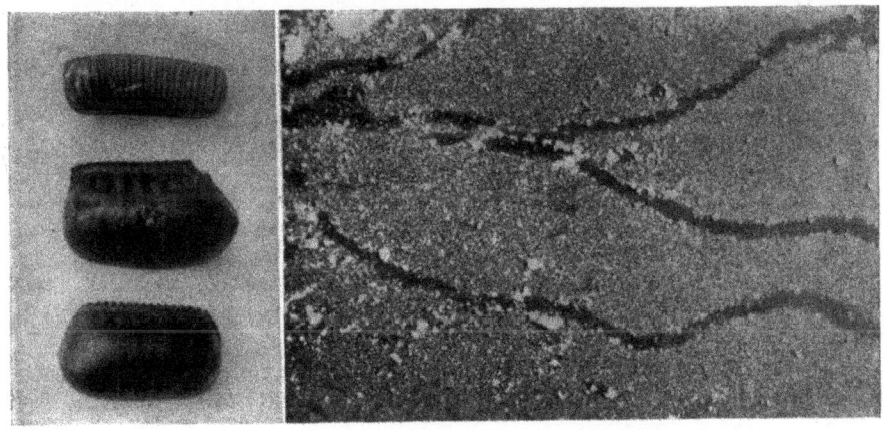

. Abb. 59.   Abb. 60.
Abb. 59.
Eiköcher der Hausschabe (oben), der Küchenschabe (Mitte) und der Amerikanischen Schabe (unten). (2½-fach vergr.)

Abb. 60.
Kriechspuren von Mehlmottenraupen auf einer mit Mehl bestäubten Tischplatte.
(¾ nat. Gr.)

nischen Schabe (**Periplaneta americana**) sind sie ungefähr ebenso lang, etwas breiter und höher, rotbraun bis schwarzbraun gefärbt und nur an einer Seite mit einer Naht versehen. Diese Köcher, die meistens wahllos abgelegt werden, behalten nach dem Ausschlüpfen der Junglarven ihre Form bei, werden aber von den Schaben sehr oft angefressen, so daß man in der Regel nur Teilstücke von ihnen findet.

## 7. Larvenhäute (Exuvien)

Die von schädlichen Insektenlarven im Laufe ihrer Entwicklung in wechselnder Anzahl abgeworfenen Häute (E x u v i e n) ermöglichen fast immer eine richtige Bestimmung der betreffenden Art, da die meisten der für die Larven selbst geltenden Erkennungsmerkmale, wie Borstenanordnung, Fühlerform, Färbung usw. auch bei ihnen noch feststellbar sind. Ich kann daher auf die Bestimmungstabelle von W e i d n e r (1937) verweisen, in der die bisher bekannten Larvenformen von Haus- und Gesundheitsschädlingen berücksichtigt sind. Für den praktisch tätigen Bekämpfungsfachmann soll jedoch

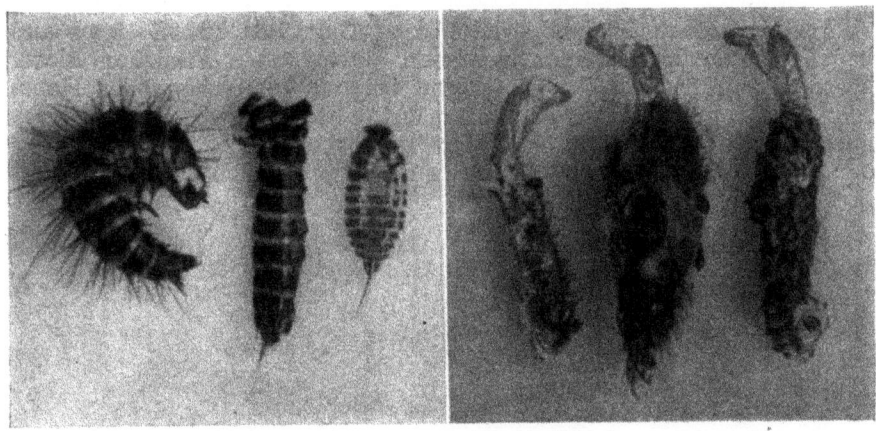

Abb. 61.                              Abb. 62.
Abb. 61.
Larvenhaut des Peruvianischen Speckkäfers (links), des gefleckten Pelzkäfers (Mitte) und des Teppichkäfers (rechts. (3-fach vergr.).

Abb. 62.
Drei Puppenköcher der Kleidermotte mit herausragenden Exuvien.
(3-fach vergr.)

auch an dieser Stelle kurz auf die Exuvien einiger weniger Arten hingewiesen werden, weil diese häufig zu finden sind und weil ihre Beachtung für die richtige Beurteilung einer Plage oft von Wert ist.

Das gilt wiederum in erster Linie für die Larvenhäute der B e t t - w a n z e, die so gut gekennzeichnet sind, daß auch der Nichtspezialist sie bei genauerer Betrachtung höchstens mit denen anderer Cimiciden (z. B. der Schwalbenwanze, O e c i a c u s   h i r u n d i n i s), nicht aber mit denen anderer Hausschädlingsarten verwechseln kann (Abb. 54). Die Bettwanzen-Exuvien haften in der Regel an ihrer Unterlage, weil sich die Larve vor Beginn der Häutung jedesmal mit den beiden vorderen Beinpaaren festkrallt. Man findet sie am häufigsten an den erwähnten Brutherden der Tiere und kann aus ihrer relativen Häufigkeit sowie der Abwurfstelle in ähnlicher Weise, wie es bei Besprechung der Kotspuren gezeigt wurde, oft wichtige Rückschlüsse auf das Alter und die Ursache der Verwanzung ziehen.

Ähnliches gilt für die Exuvien von K l e i d e r l ä u s e n, die man an geeigneten Stellen (z. B. am Rockkragen und in den Nähten der Leibwäsche) oft finden kann.

Häufig zu finden und eindeutig zu bestimmen sind auch die Larvenhäute der D e r m e s t i d e n.

Bei den Exuvien der A n t h r e n u s - Arten (T e p p i c h k ä f e r, K a b i n e t t - oder W o l l k r a u t b l ü t e n k ä f e r und M u s e u m s - k ä f e r) sowie des K h a p r a k ä f e r s zieht sich der meistens weit klaffende Häutungsspalt längs über den ganzen Rücken hin (vergl. Abb. 28 u. 61). Die Körperhaut der Larven dieser Arten ist mit teilweise sehr langen Haaren besetzt und besonders durch die Pfeilhaare gekennzeichnet, von denen bereits oben (S. 10) die Rede war, die aber bei den abgeworfenen Häuten oft nur noch vereinzelt und in Teilstücken vorhanden sind. Beim Teppichkäfer (A n t h r e n u s s c r o p h u l a r i a e) ist die Haut braun gefärbt, während die Haare sehr dunkelbraun bis schwarz erscheinen, und bei den übrigen genannten Arten sind die Häute gelb und die Haare braun gefärbt.

Die mit feinen, anliegenden, seidig glänzenden Härchen dicht bedeckte Larvenhaut der P e l z k ä f e r (A t t a g e n u s p e l l i o und A. p i c e u s) sind nur vorn offen und lassen am Hinterende in der Regel noch Reste des langen Schopfes feiner Härchen erkennen, mit dem die Larve ausgestattet war (vgl. Abb. 61).

Die Exuvien der D e r m e s t e s - Arten zeigen eine gelbe oder braune Grundfarbe, sind mit langen, kräftigen, braunen oder schwarzen Haaren besetzt und tragen auf der Rückenseite des vorletzten Körperringes zwei kräftige Hornhacken, nach deren Stellung und Ausbildung in den meisten Fällen eine Bestimmung bis auf die Art möglich ist (vgl. L e p e s m e 1938 und W e i d n e r 1937 und 1938). Sie liegen fast immer stark zur Bauchseite hin eingekrümmt, während die lebende Larve diese Körperhaltung nur dann einnimmt, wenn sie krank ist oder kurz vor der Verpuppung steht.

Die Exuvien von M o t t e n r a u p e n (z. B. von der K l e i d e r - m o t t e, der M e h l m o t t e und der D ö r r o b s t m o t t e) lassen sich nur schwer auffinden, da sie fast farblos und dünn sind, infolgedessen nach Auskriechen der Larven kollabieren und oft auch zerreißen. Aber die meistens braun gefärbten Kopfkapseln der Raupen können in und an dem Nährsubtrat, insbesondere in den Gespinsten (vgl. folgenden Abschnitt) verhältnismäßig leicht gefunden werden und lassen dann meistens eine hinreichend sichere Bestimmung zu.

Die abgeworfenen Larvenhäute der vornehmlich durch Befall von Getreideprodukten schädlich werdenden S c h w a r z k ä f e r (T e n e - b r i o n i d a e) kollabieren zwar auch meistens, sind aber, da sie relativ dickwandig und gelblich gefärbt sind, doch viel leichter aufzufinden als beispielsweise die Mehlmotten-Exuvien und liegen gewöhnlich — oft in großer Menge — auf der Oberfläche des befallenen Mehles oder sonstiger Vorräte. Das gilt natürlich in erster Linie für den relativ großen M e h l k ä f e r (T e n e b r i o m o l i t o r), aber auch für die kleineren Arten wie den **Reismehlkäfer** (**Tribolium navale** u. a.) und den **Vierhornkäfer** (**Gnathocerus cornutus**).

Die abgeworfenen Larvenhäute von **Stechmücken** (Culicidae) sind oft in den für die Entwicklung geeigneten Wasseransammlungen (vgl. S. 53) in großer Menge zu finden. Ihre Beachtung kann viel zu dem mit Hinblick auf die zu ergreifenden Bekämpfungsmaßnahmen unbedingt erforderlichen Ausfindigmachen aller in einem bestimmten Gebiet vorhandenen Brutgewässer beitragen. Die Häute der Culiciden-Larven kollabieren nach dem Abwerfen, hängen oder schweben als dünne graue bis 0,6 cm lange, wenig dicht mit Borsten besetzte Stränge in der Regel kurz unter der Wasseroberfläche und tragen als charakteristische Merkmale am Vorderende die dunkler erscheinende, oft teilweise gesprengte Kopfkapsel und am Hinterende das gleichfalls dunklere, nicht kollabierte Atemrohr. Da die Entwicklung der hier praktisch in Betracht kommenden, weil in unmittelbarer Nachbarschaft menschlicher Siedlungen lebenden Hausmücken (**Culex pipiens** und **Theobaldia annulata**) sowie der **Fiebermücke** (**Anopheles masculipennis**) kontinuierlich erfolgt, wird man außer den Exuvien dieser Arten in den betreffenden Wasseransammlungen fast immer auch die Larven und die Puppen finden können (vgl. Peus 1939).

Die Larvenhäute der **Schaben** stellen bei ihrer Größe und ihrer charakteristischen Form ein leicht erkennbares und eindeutiges Anzeichen des Befalls dar. Aber man findet sie auch in stark von den Tieren bewohnten Räumen nicht häufig, und dann gewöhnlich nur in Teilstücken. Dies ist darauf zurückzuführen, daß die Schaben ihren Hautwechsel meistens in ihren Schlupfwinkeln vornehmen und gern die Exuvien auffressen.

## 8. Gespinste

Bei Besprechung der Beschädigungen an Textilwaren wurde bereits das Wichtigste über die Gespinstfäden der Kleidermotte gesagt, und in dem Abschnitt über Fraßspuren an Lebensmitteln wurde darauf hingewiesen, daß auch fast alle anderen schädlichen **Motten-** und **Zünsler**-Arten eine ähnliche Spinntätigkeit ausüben. Hier sei noch auf folgendes aufmerksam gemacht:

Die Kleidermottenlarven bauen sich auf oder in den befallenen Textilstoffen u. dgl. mit Hilfe ihres Spinnfadens und kleiner abgebissener Faserstückchen oder auch anderer vorgefundener Partikelchen, z. B. der eigenen Kotbröckchen, meistens sog. **Fraßröhren** oder **Larvenköcher**, die an der Unterlage festsitzen, beiderseits offen sind, einen unregelmäßigen Verlauf zeigen und bis zu 15 cm lang sein können. Auch von den an Lebensmitteln schädlichen Mottenlarven legen viele an oder in ihrem Nährsubstrat ähnliche, aber meistens weniger deutlich ausgeprägte Fraßröhren an. Bei ihrem Auftreten stellt in der Regel das durch die feinen Spinnfäden bewirkte Zusammenklumpen und Verfilzen der betreffenden Stoffe — besonders deutlich beim Mehl, Grieß, Kakaopulver u. ä. — das am ehesten festzustellende Anzeichen des Befalls dar.

Die Pelzmottenlarve (Tinea pellionella) baut sich anstatt der Fraßröhre einen Köcher, der wie ein Brillenfutteral geformt ist und nicht an der Unterlage festhaftet, sondern von dem Tier beim Weiterkriechen stets mitgeschleppt wird (Abb. 63).

Eine Spinntätigkeit, welche derjenigen der Mottenlarven gleichzusetzen wäre, kommt bei anderen Haus- und Gesundheitsschädlingen nicht vor. Es ist jedoch hier zu beachten, daß die Larven einiger Käferarten auf bestimmten Stadien ihrer Entwicklung durch den After ein Sekret ausscheiden, das gleich dem Spinndrüsensekret der Mottenraupen an der Luft zu dünnen, trübweiß erscheinenden Fäden erstarrt. Die meisten dieser Käferlarven erzeugen und verwenden ihr Analsekret ausschließlich zum Bau eines Puppenköchers (vgl. weiter unten) oder zum Auskleiden der Puppenwiege. Nur von den Larven des Messingkäfers (Niptus hololeucus), des gemeinen Diebskäfers oder Kräuterdiebs (Ptinus fur — nach neueren Beobachtungen des Verfassers), des Australischen Diebskäfers (Ptinus tectus — nach König 1936) und des Kugelkäfers (Gibbium psylloides — nach Kemper 1938) wurde bisher festgestellt daß sie auch vor Erreichung der Puppenreife Sekretfäden erzeugen können. Diese sind wesentlich dicker als die Gespinstfäden der Mottenlarven und deshalb im Gegensatz zu diesen auch als Einzelfäden mit unbewaffnetem Auge leicht zu erkennen. Einige von mir durchgeführte Messungen ergaben bei ihnen eine durchschnittliche Stärke von etwa 0,130 und eine Maximalstärke von 0,210 mm, wohingegen die Seidenfäden der Mottenraupen nur selten eine größere Breite als 0,005 mm aufweisen (vgl. Hase 1924 und Titschack 1922). Überdies sind die Sekretfäden der genannten Ptiniden im Vergleich zu den Mottenspinnfäden mehr bandförmig, leichter zerbrechlich, von mehr ungleichmäßiger Stärke und kurz nach der Erzeugung weniger klebrig. Das zuletzt Gesagte hat zur Folge, daß die Fäden nicht oder nur wenig an der Unterlage festhaften und nicht zu einer so starken Verfilzung der befallenen Stoffe führen, wie es die Spinnfäden der Mottenraupen tun. Man findet die Sekretfäden in der Regel als lockere, wirre Knäuel auf der Oberfläche des betreffenden Substrates (Abb. 66).

Wie bereits angedeutet wurde, weisen die Kotschnüre der Dermestes-Larven eine gewisse äußere Ähnlichkeit mit den Sekretfäden der genannten Ptinidenlarven auf, sie lassen sich von diesen aber bei Lupenvergrößerung an der andersartigen Färbung und Form doch leicht unterscheiden.

## 9. Puppenhäute und Puppenköcher

Die von den ausgeschlüpften Vollkerfen hinterlassenen Puppenhäute stellen in vielen Fällen ein fast unbegrenzt lange haltbares und sicher zu bestimmendes Erkennungszeichen dar. Es fehlt zwar bisher noch an einer Bestimmungstabelle für Insektenpuppen, nach der dann auch die leeren Häute derselben bestimmt werden könnten, aber die Puppen der wichtigsten Schädlingsarten sind in der einschlägigen Literatur doch so genau beschrieben, daß dem Spezialisten in der

Regel die richtige Zuordnung der Exuvien möglich ist. An dieser Stelle muß es genügen, auf folgendes hinzuweisen:

Von den holometabolen Insekten haben die Käfer, die Hautflügler und einige Mücken „freie Puppen", einige Mücken sowie alle Schmetterlinge (und damit auch die schädlichen Motten- und Zünsler-Arten) „Mumienpuppen" und die cyclorrhaphen Fliegen „Tönnchenpuppen". Die erstgenannte Puppenform ist dadurch gekennzeichnet, daß bei ihr die Anhänge, insbesondere die Flügel- und Beinscheiden, nicht am Körper haften, wie es bei den Mumienpuppen der Fall ist. Die Tönnchenpuppen sind mit freien Gliedmaßen ausgestattete Puppenformen, die in der geschrumpften und verhärteten letzten Larvenhaut, dem Puparium, eingeschlossen sind.

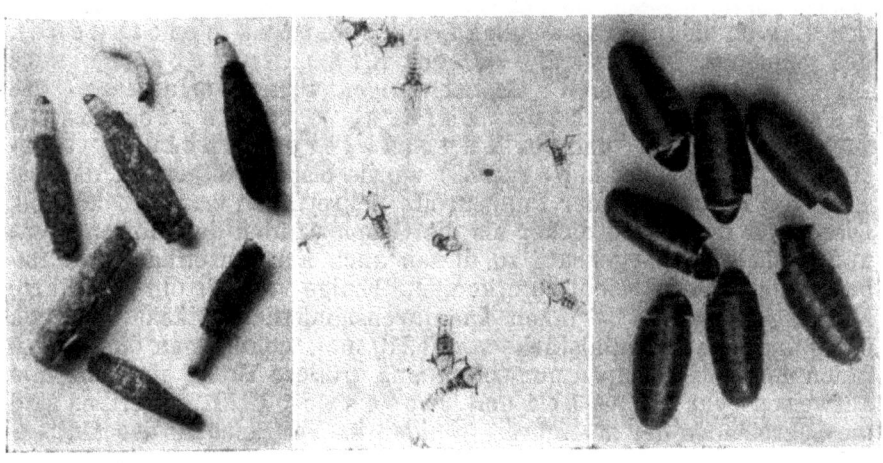

Abb. 63.   Abb. 64.   Abb. 65.

Abb. 63.
Pelzmotten-Larven mit ihren Köchern (2-fach vergr.).

Abb. 64.
Leere Puppenhäute der Stechmücke (Culex pipiens) an der Wasseroberfläche hängend, von oben (fast nat. Gr.).

Abb. 65.
Leere Tönnchen der Schmeißfliege (1¼-fach vergr.).

Die fortbewegungsfähigen, im Wasser lebenden Puppen von Stechmücken (Culiciden) sind wegen ihrer charakteristischen Körperform auch für den Laien leicht erkennbar. Ihre leeren, an der Wasseroberfläche schwimmenden Häute sind in der Abb. 64 wiedergegeben.

Die Puppen der Teppich- und Kabinettkäfer bleiben meistens in der am Rücken geplatzten Larvenhaut liegen, so daß man in dieser später auch ihre Exuvie finden kann. Auch für die Pelzkäfer trifft das gleiche häufig zu.

Leere Puparien der Schmeißfliege (Calliphora erythrocephala) zeigt die Abb. 65. Sie sind dunkelrotbraun gefärbt und von den ausgeschlüpften Fliegen nur am Vorderende geöffnet. Die Tönnchen der **Stubenfliege**, der **Stechfliege** (**Stomoxys calcitrans**) und der **Käsefliege** (**Piophila casei**) gleichen ihnen in Form und Färbung weitgehend, sind aber natürlich entsprechend kleiner und bei mikroskopischer Untersuchung an der artspezifischen, hier nicht näher zu erörternden Ausgestaltung des Vorder- und Hinterendes zu unterscheiden. Die Puparien der **kleinen Stubenfliege** (**Fannia**-Arten) sind gleich den Larven durch den Besitz langer Fortsätze an den einzelnen Körperringen gekennzeichnet.

Die entleerten Fliegentönnchen findet man manchmal in großer Menge auf dem Nährsubstrat der Larven oder in der Nähe derselben an mehr trockenen und meistens etwas geschützten und dunklen Stellen.

Für den Bekämpfungsfachmann ist es wichtig zu wissen, daß die Larven der meisten Insektenarten kurz vor der Verpuppung ihr Nährsubstrat verlassen und an eine trockenere, dunkle Stelle kriechen, um dort die Umwandlung zu vollziehen, und daß viele von ihnen zum Schutz der wenig widerstandsfähigen Puppe außerdem entweder durch Einbohren in festes Material eine „Puppenwiege" bauen (vgl. weiter oben) oder einen Köcher (Kokon) anfertigen. Der letztere wird bei den Motten und Zünslern aus dem oben schon beschriebenen Spinnfaden meistens unter Mitbenutzung irgendwelcher zur Verfügung stehender Partikelchen (des Nährsubstrates, der eigenen Kotbröckchen o. a.) hergestellt. Er unterscheidet sich von den Larvenköchern dadurch, daß er vor dem Schlüpfen der Falter an keinem und nach dem Schlüpfen nur an einem Ende offen ist, und daß die Wandungen weit dichter und dicker sind als bei jenen. Man findet die Puppenköcher mancher Mottenarten (z. B. der Mehlmotte) an geeigneten Stellen wie in Dielenritzen, hinter Scheuerleisten, in Sackfalten oder an Außenteilen des Nährsubstrates oft zu vielen vereinigt dicht neben- und hintereinander. Die leeren Köcher der echten Motten (**Tineiden**), zu denen als wichtigste Arten die **Kleidermotte** und die **Kornmotte** (**Tinea granella**) gehören, lassen sich von denen der **Tastermotten** (**Gelechiiden**) und der **Zünsler** (**Pyraliden**) daran unterscheiden, daß bei ihnen die leere Puppenhaut ein Stück weit herausragt (Abb. 62), während sie bei jenen ganz im Kokon bleibt.

Von den als Hausschädlinge bedeutungsvollen Käferarten fertigen sich die **Schinkenkäfer** (**Necrobia**-Arten), alle daraufhin beobachteten **Ptiniden** (auch der Messingkäfer), sowie der **Brotkäfer** und der mit ihm verwandte kleine **Tabakskäfer** (**Lasioderma sericorne**) für ihre Puppen Köcher an.

Der Puppenköcher des Schinkenkäfers, wenigstens der Art **Necrobia rufipes**, ist ellipsoid geformt, etwa doppelt so lang als breit und schmutzig weiß gefärbt. Seine meistens recht feste, aber nicht dicke Wandung besteht fast ausschließlich aus verhärtetem Sekret. Man findet diese Köcher oft weitab vom Nährsubstrat der Larve in dunklen und ihrer Breite entsprechenden Ritzen oder Fugen angelegt, manchmal aber auch in Höhlungen, welche sich die Larve durch Einbohren in festere Materialien, z. B. in trockenes Muskelfleisch von Schinken oder in Pappe, selbst geschaffen haben.

Für die Kokons der Diebskäfer gilt in vielen Punkten das gleiche wie für die der Schinkenkäfer, doch sind bei ihnen in der Regel die Wandungen stärker mit Fremdkörperchen (Nahrungspartikelchen o. a.) durchsetzt, und die einzelnen Sekretfäden, die gewöhnlich nur an der Anheftstelle deutlich in Erscheinung treten, sind feiner als bei jenen. Befinden sich die verpuppungsreifen Ptinidenlarven in einem lockeren Material, aus dem sie nicht auswandern

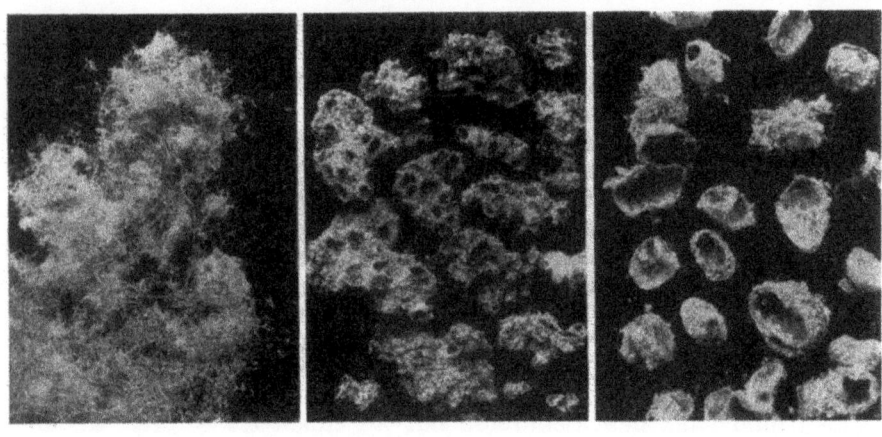

Abb. 66.  Abb. 67.  Abb. 68.

Abb. 66.
Sekretfäden-Knäuel der Larven des Australischen Diebskäfers.
(1½-fach vergr.)

Abb. 67.
Köcher des Brotkäfers (fast nat. Gr.: Näheres im Text).

Abb. 68.
Leere Puppenkokons des Australischen Diebskäfers (1¼-fach vergr.).

können, z. B. in einer mit Kakaopulver angefüllten Blechdose, so legen sie die Köcher fast immer an den Wandungen des Behälters und häufig am zahlreichsten an den tieferen Stellen derselben an, während die Gespinstköcher der Kakaomotte oder anderer Mottenarten in einem solchen Falle annähernd ausnahmslos an der Oberfläche des Nährsubstrates oder über derselben am Deckel oder an den Wänden des Behälters zu finden sind. König (1936) gibt für die Köcher von Ptinus tectus als Durchschnittswerte eine Länge von rd. 0,5 und eine Breite von rd. 0,25 cm an. Die Messingkäferkokons sind entsprechend der Körpergröße der Tiere in der Regel umfangreicher, und auch die Köcher der kleineren Arten (Ptinus tectus, Pt. fur u. a.) können nach meinen Beobachtungen — namentlich in gröberem Material, wie Grieß und Haferflocken — wesentlich länger und breiter sein (vgl. Abb. 68).

Der Brotkäfer verpuppt sich stets in dem Fraßköcher, in dem sich die Larve entwickelt hatte, dessen Wandung aus Sekret und Fraßmehl besteht und der in der Regel ellipsoid geformt, bei dünnem Substrat, z. B. bei Bandnudeln oder eingetrockneten Kleisterschichten, aber länglich, gangförmig ist. Ist das befallene Material locker und feinkörnig, so werden die Köcher zum größten Teil an den Wandungen und auf dem Boden der Behälter (Tüten, Beutel, Dosen, Gläser usw.) angelegt und festgeheftet. In der Abb. 67 ist der nach dem Ausschütten des übrigen Inhaltes am Boden einer Blechbüchse verbliebene Rest eines von Brotkäfern befallenen pulverförmigen Nährpräparates dargestellt. Die dicht neben- und übereinander angelegten Köcher, von denen viele die Ausschlupflöcher der Käfer erkennen lassen, bildeten eine dicke Kruste, die mechanisch nur schwer von der Unterlage entfernt werden konnte. Bei einzeln liegenden, in Kakaopulver, Mehl oder Grieß angefertigten Puppenköchern stellte ich eine Länge von 5 bis 8½ und eine Breite von 2,7 bis 4,3 mm fest. Bei Keks, Waffeln, Nudeln und anderen geformten Stoffen, die in der Packung dicht auf- oder nebeneinander lagen, findet man die Puppenköcher des Brotkäfers (und auch der Diebskäfer) manchmal auch in den verbleibenden Zwischenräumen angelegt, wie es die Abbildung 36 veranschaulicht.

## 10. Kriech- und Laufspuren

Die Gliedertiere verursachen allein durch ihre Fortbewegung nur unter ganz besonderen Umständen sichtbare Spuren, und diese lassen dann in der Regel auch noch keine weitergehenden Schlußfolgerungen zu.

Ein praktisch brauchbares Verfahren, um beim Mehl stärkeren Milbenbefall festzustellen, besteht darin, daß man dasselbe mittels einer Glasplatte glattstreicht und nach einiger Zeit prüft, ob die Oberfläche infolge des Umherlaufens der Tiere wieder rauh geworden ist.

Feine Kriech- und Laufspuren auf dünn mit Mehl überdeckten ebenen Flächen können von Mehlmottenraupen, Schaben, „Mehlwürmern" u. a. Insekten verursacht werden und den Bäcker oder Müller darauf aufmerksam machen, daß in seinem Betrieb Schädlinge vorhanden sind (vgl. Abb. 60).

Eine weit größere Bedeutung kommt den Laufspuren der Ratten zu, die allerdings fast nur auf schneebedeckten Flächen im Freien zu finden sind. Ihr Vorhandensein in verschneiten Höfen, Gärten usw. ist nicht nur ein untrügliches Anzeichen dafür, daß Ratten da waren, sondern erleichtert auch sehr das Auffinden der Schlupfwinkel der Tiere. In der Literatur habe ich so gut wie nichts über Rattenspuren finden können, und die nachfolgenden Angaben, die auf eigenen Gelegenheitsbeobachtungen beruhen, bedürfen noch sehr der Ergänzung.

Bei der Ratte haben wir nach den bisherigen Feststellungen nur mit zwei Arten von Spuren: der Schrittspur und der Sprungspur zu rechnen. Die erstgenannte stammt von dem langsam gehenden, nicht beunruhigten Tier und ist dadurch gekennzeichnet, daß jedesmal die Abdrücke des Hinterbeines einer Körperseite etwa in der Mitte zwischen den Abdrücken des Vorderbeines der gleichen Seite stehen. Zwischen den Beinabdrücken ist bei der Schrittspur wenigstens an einigen Stellen fast immer der striemenförmige Abdruck des nachschleifenden Schwanzes zu erkennen. Man findet die Schrittspur in der Regel nur in der Nähe von Mauern, Gerümpel-

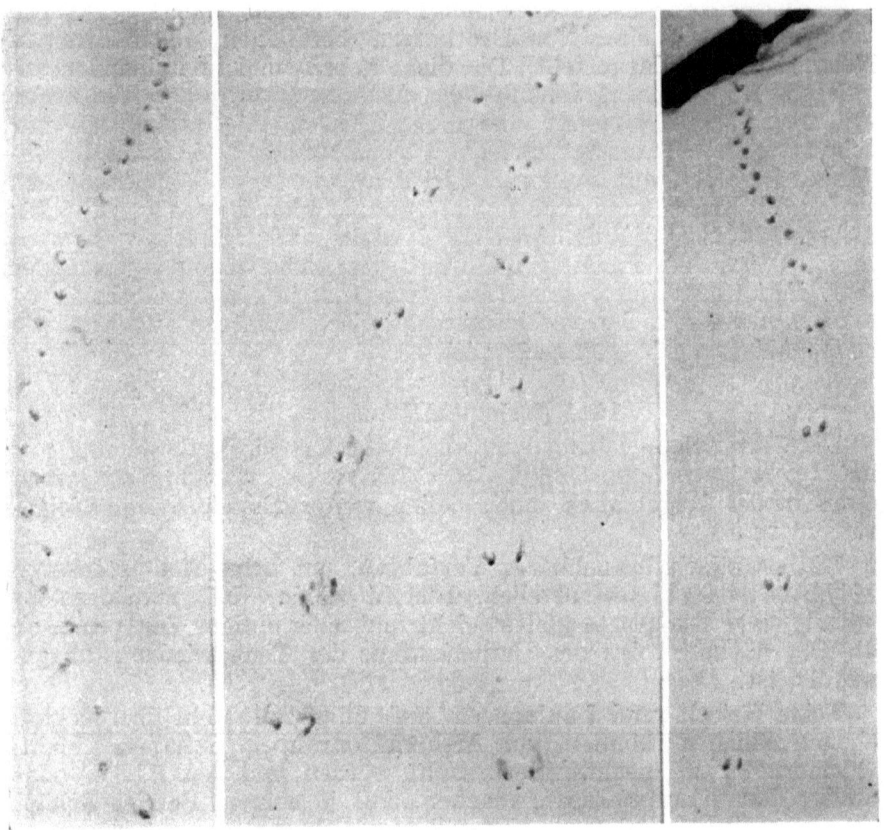

Abb. 69.
Schrittspuren und Sprungspuren der Wanderratte (Näheres im Text).

haufen und an andern Stellen, an denen sich die Ratte geschützt fühlt. Über größere freie Flächen bewegen sich die Tiere gewöhnlich springend fort. Dabei setzen sie die Hinterbeine fast immer genau an den Stellen auf, an denen vorher die Vorderbeine gestanden hatten, und die Spur zeigt dementsprechend jeweils nur zwei nebeneinander liegende Abdrücke. Die Sprungweite, d. i. der Abstand zwischen diesen einzelnen Abdruckpaaren, beträgt nach einigen von Herrn Dr. R e i c h m u t h durchgeführten Messungen 35 bis 47 cm. Es ist jedoch anzunehmen, daß eine verfolgte Ratte auch weitere Sprünge zu machen imstande ist, und es muß auch mit der Möglichkeit gerechnet werden, daß ein sehr schnell fliehendes Tier mit seinen Hinterbeinen die Vorderbeine überschnellt, so daß die Fußabdrücke jedesmal in Vierergruppen stehen, wie es immer bei der Eichhörnchenspur und auch bei den Fluchtspuren der beiden Wiesel und des Iltis der Fall ist (vgl. Teuwsen und Schulze 1936). Ich konnte bei den bisher untersuchten Fluchtspuren der Ratte nur vereinzelt und nur schwache Andeutungen von Vierer- oder auch von Dreiergruppen, niemals aber eine deutliche Trennung zwischen Vorder- und Hinterfußabdrücken feststellen.

In der Abb. 69 sind links die Schrittspur einer Ratte und in der Mitte die Sprungspuren zweier verschieden schnell laufender Tiere wiedergegeben, während es sich bei der rechts abgebildeten Spur um die Fußabdrücke eines Tieres handelt, das sich zunächst in Sprüngen fortbewegt hat und dann kurz vor Erreichen des Unterschlupfs (unter zwei locker aufeinander liegenden Steinplatten) langsam gegangen ist.

Die Sprungspur der Ratte könnte mit der des großen Wiesels oder Hermelins verwechselt werden, deren einzelne Abdrücke manchmal auch paarweise nebeneinander liegen und nach der Zeichnung von Teuwsen und Schulze etwa 45—55 cm von einander entfernt sind. Aber auch dann, wenn man die einzelnen Trittsiegel nicht genauer zu erkennen vermag, kann man meistens bei Weiterverfolgung der Spur eine hinreichend sichere Entscheidung treffen, denn das Hermelin bewegt sich nach Teuwsen und Schulze hauptsächlich springend fort und setzt auf der Flucht die Hinterfüße ziemlich weit vor den dann oft hintereinander liegenden Abdrücken der Vorderfüße auf, so daß deutliche und verschieden angeordnete Vierergruppen zustande kommen, wohingegen die Ratten an geschützten Orten meistens Schrittspuren und nach den bisherigen Beobachtungen im Gegensatz zu den Wieseln, den Mardern und dem Iltis keine besondere Fluchtspur hinterlassen.

## 11. Erdbaue und Nester

In diesem Abschnitt sei zunächst auf die häufig in der Erde angelegten Ameisen- und Wespennester aufmerksam gemacht. Bei den Zugängen zu den letztgenannten handelt es sich um kleinere oder größere, gewöhnlich annähernd senkrecht nach unten führende Löcher, die wenig Charakteristisches aufweisen und häufig an Wegrändern oder Böschungen zwischen dem Gras- und sonstigen Pflanzenbewuchs gelegen sind und auf die man deshalb in der Regel erst durch die zu- und abfliegenden Tiere aufmerksam wird. Leichter zu finden sind im allgemeinen die gelblich, grau oder bräunlich gefärbten, aus einer papierartigen Masse hergestellten oberirdischen Wespennester, die an Dachbalken, in Fensternischen, in Baumhöhlen, Nistkästen u. dgl. angelegt werden und je nach der Art verschieden groß und je nach der Anheftestelle mehr oder weniger kugelig geformt sind (Abb. 70).

Die Erdnester der schwarzen **Rasenameisen** (Lasius-Arten), die wohl am häufigsten von allen Ameisen durch Eindringen in Wohnungen lästig und schädlich werden, können auf Gartenwegen, unter dem Bürgersteigpflaster, auf Rasenflächen, Tennisplätzen u. a. angelegt werden. Auf ebenen, nichtbewachsenen Stellen, z. B. auf festgetretenen Wegen und auf gepflasterten Straßen, sind ihre meistens in größerer Anzahl vorhandenen, kleinen oder größeren Auslauflöcher für gewöhnlich leicht aufzufinden, da sich die von den Tieren in Form kleiner Krümel herausgeschaffte Erde meistens schon durch ihren Farbton von der Umgebung abhebt (vgl. Abb. 71).

Abb. 70.                                                 Abb. 71.

Abb. 70.
Wespennest in einer Fensternische.

Abb. 71.
Eingang zu einem unter dem Bürgersteig-Pflaster gelegenen Ameisennest.
(Lasius-Art)

Haben die Tiere ihre Nester zwischen längerem Gras, unter Gartenstauden oder sonstigen Pflanzen angelegt, so errichten sie oft zwischen den Stengeln aus der ausgeworfenen Erde einen kuppelförmigen Oberbau, in dem dann auch noch Gänge und Kammern angelegt werden. Auf die übrigen Ameisennester, die in der Nähe menschlicher Behausungen oder auch an und in diesen (in morschem Bauholz, in Hohlwänden, hinter Wandtäfelungen, in Mauerspalten usw.) in recht verschiedener Art und Weise angelegt werden, kann hier nicht näher eingegangen werden.

Den Erdbauen der **Ratten** kommt deswegen eine große Bedeutung zu, weil in ihnen die Tiere mit Hilfe von Giftgasen („Räucherpatronen") oft leicht und sicher abgetötet werden können. **Erna Mohr** (1938) rechnet die Wanderratte ebenso wie die Hausratte und die Hausmaus zu den „bauscheuen" Nagerarten, d. h. zu denen, die gern vorgefundene Löcher und Gänge benutzen, die erweitert und ausgepolstert werden können. Nach meinen, allerdings nicht sehr umfangreichen Beobachtungen findet man in der Nähe von Hauswandungen, Hofmauern, Zäunen, an Uferböschungen usw. im allgemeinen nur solche auf Ratten zurückzuführende Erdlöcher, die zunächst, ähnlich den Fallröhren des Hamsters, senkrecht nach unten gehen und dann in einen waagerechten Gang, zu einer Sielanlage oder einem sonstigen unterirdischen Hohlraum führen. Vor ihnen liegt keine (oder doch nur sehr wenig) ausgeworfene Erde, und ihre Wandungen sind insbesondere am oberen Rand durch das häufige Ein- und Ausschlüpfen der Tiere manchmal stark geglättet (Abb. 38). Ich nehme an, daß alle derartigen Löcher nicht von oben her, sondern von unten her angelegt sind und daß die Ratten sich nur an solchen Stellen erstmalig ins Erdreich hineinwühlen, an denen ihnen schon Steinspalten, Sielanlagen, Gerümpelhaufen, steile, mit Pflanzen dicht bewachsene Abhänge o. ä. eine erste Unterschlupfmöglichkeit geboten hatten. An solchen Stellen fand ich waagerecht oder schräg nach unten führende Eingangslöcher und vor diesen oft recht große Haufen ausgeworfener Erde.

Die R a t t e n n e s t e r weisen wenig Charakteristisches auf. Sie werden von den Tieren ohne viel Sorgfalt und Geschick an den verschiedenartigsten Stellen und aus dem verschiedenartigsten Material (z. B. Lappen, Papier, Stroh, Heu und Holzspänen) gebaut und sind auch hinsichtlich ihres Umfanges sehr verschieden.

Die Hausmaus, deren Nester man in Fehlböden, im Heu oder Stroh, aber auch in Kisten, Truhen, Schubfächern u. dgl. zwischen Papier und Textilstoffen finden kann, pflegen das zur Auspolsterung benutzte Material weit feiner zu zernagen, als es die Ratten tun. In der Regel sind die Nester sowohl der Ratten wie auch der Mäuse oben überdeckt.

## 12. Töne und Geräusche als Befallsanzeichen

Das Vorhandensein einiger Schädlingsarten wird in der Regel eher durch die von den Tieren hervorgebrachten Töne und Geräusche als auf andere Weise bemerkbar. Das gilt vor allem für das bekannte Zirpen des sehr versteckt lebenden H e i m c h e n s. Die hohen, in ziemlich gleichen Zeitabständen während der Dämmerung und des Nachts manchmal stundenlang ununterbrochen vorgetragenen Zirptöne desselben werden vom Männchen zur Anlockung des Weibchens durch Gegeneinanderreiben der Vorderflügel erzeugt. Die M ä u s e verraten sich oft durch die beim Nagen verursachten Geräusche und manchmal auch durch ihre feinen Pfeiftöne. R a t t e n können durch ihre Nagetätigkeit, vor allem aber durch Verschleppen von größeren Gegenständen („Poltern") bei Nacht in stärkstem Maße ruhestörend wirken. Auf Stechmücken, die sich im dunklen oder halbdunklen Schlafzimmer befinden, werden wir meistens erst durch das feine Summen aufmerksam gemacht, das durch die Flügelschwingungen zustande kommt, und auch die in der Küche oder im Wohnzimmer befindlichen S c h m e i ß f l i e g e n („B r u m m e r") oder W e s p e n werden von uns in der Regel eher gehört als gesehen.

Als praktisch wichtige Anzeichen eines vorliegenden „H o l z - w u r m" - Befalls in alten Möbeln u. dgl. sind die tickenden Klopftöne der P o c h k ä f e r (A n o b i u m  p u n c t a t u m  u. a.) zu bewerten, von denen bereits oben (S. 30) die Rede war. Endlich sei hier darauf aufmerksam gemacht, daß die größeren H a u s b o c k l a r v e n durch ihre Fraßtätigkeit im Innern von Dachbalken gut wahrnehmbare Geräusche hervorbringen und daß man diese in einigen Fällen praktisch bei Feststellungen über Befallstärke und -umfang — manchmal unter Zuhilfenahme von Horchgeräten — erfolgreich ausgewertet hat.

### 13. Geruchspuren

Den Befall eines Raumes durch Hausmäuse und Bettwanzen kann man in vielen Fällen allein an den von diesen Tieren ausgehenden Gerüchen wahrnehmen. Der scharfe M ä u s e g e r u c h, der von dem Urin der Tiere ausgeht, ist wohl allgemein bekannt. Der nach meinem Empfinden widerlich süße W a n z e n g e r u c h ist auf das Sekret sog. Stinkdrüsen zurückzuführen und dann besonders intensiv wahrzunehmen, wenn eine Wanze zerdrückt wurde (ein solches Tier stinkt oft noch viele Tage nach seinem Tode sehr stark). Da aber sonst das Sekret nur bei höherer Wärme und nur von beunruhigten und umherlaufenden Tieren in größerer Menge durch die feinen Drüsenöffnungen ausgeschieden wird, kann sicherlich auch derjenige, der über ein besonders feines Geruchsvermögen verfügt, nicht, wie manchmal behauptet worden ist, in allen Fällen allein mit Hilfe der Nase das Vorhandensein des Ungeziefers feststellen.

Auch verschiedene andere Schädlinge (z. B. die H a u s s c h a b e n, die „O h r w ü r m e r", die R e i s m e h l k ä f e r und die H a u s m i l b e n) haben einen für Menschen wahrnehmbaren, spezifischen Geruch. Diesem kommt aber, da er nur wenig intensiv ist, keine beachtenswerte Bedeutung für die Praxis zu.

### Verzeichnis der zitierten Literatur

A l t, K.: Die Taubenzecke als Parasit des Menschen. Münch. med. Wochenschrift **39**, S. 531—533, 1892.

B a u e r, O. und O. V o l l e n b r ü c k: Über den Angriff von Metallen durch Insekten. Ztschr. f. Metallkunde **22**. S. 230—233. 1930.

— Über den Angriff von Metallen durch Insekten. II. Mitt. Daselbst **23**. S. 117. 1931.

B o s c h u l t e: Argas reflexus als Parasit des Menschen. Virchows Arch. **18**, S. 554—556, 1860.

B l o c h, K.: Demonstration eines Falles von variolois-ähnlichem Cimicesexanthem, kompliziert durch Pyodormie. Schweiz. med. Wochenschr. **5**, S. 1113—1134, 1924.

F i n k e n b r i n k: Auch ein Fall von Ungezieferwahn, Anz. f. Schädlingskunde **12**. S. 99. 1936.

F r i e d e n t h a l, H.: Tierhaaratlas. Jena 1911.

E c k s t e i n, K.: Exkremente und Bohrmehl forstschädlicher Insekten. Verh. d. VII. intern. Kongr. f. Entom., III. Bd. S. 1930—1940, Berlin 1939.

H a n d s c h i n, E.: Untersuchungen über die Widerstandsfähigkeiten von Tapeten gegenüber Insektenfraß. Ztschr. f. angew. Entomologie **13**. S. 466—476. 1928.

H a r t n a c k, H.: 202 common Household Pests of North America, Chicago 1939.

H a s e, A.: Beiträge zu einer Biologie der Kleiderlaus (Pediculus corporis de Geer = vestimenti Nitsch). Z. ang. Entom. **2**. S. 265—359. 1915.

— Die Bettwanze (Cimex lectularius), ihr Leben und ihre Bekämpfung. Monogr. z. angew. Entomol. Nr. 1. Berlin 1917.

— Untersuchungen und Beobachtungen über die Gespinste und über die Spinntätigkeit der Mehlmottenraupen, Ephestia Kuehniella Zell. Arb. d. Biol. Reichsanst. **13**. S. 79—128. 1924.

— Über Verfahren zur Untersuchung von Quaddeln und andern Hauterscheinungen nach Insektenstichen. Ztschr. f. angew. Entomol. **12**. S. 243—297. 1926/27.

— Beobachtungen über das Verhalten, den Herzschlag sowie den Stech- und Saugakt der Pferdelausfliege Hippobosca equina L. (Dipt. Pupipara). Z. Morph. u. Oekol. d. Tiere **8**. S. 187—240. 1927.

— Neue Beobachtungen über die Wirkung der Bisse von Tausendfüßen (Chilopoda). Z. Parasitenkunde **1**. S. 76—99. 1928.

— Über die Wirkungen der Stiche blutsaugender Insekten. Münch. med. Wschr. 1929. S. 107.

— Über heftige blasige Hautreaktion nach Culicoides-Stichen. Z. Parasitenkunde, **6** S. 119—128. 1933.

— Die Ursache der Mottenschäden an Kunstseidenbezügen. Melliand Textilberichte. 1937, Nr. 10, S. 1—7.

— Über Gutachter und Gutachten in Ungeziefer-, insbesondere in Wanzenprozessen. D. prakt. Desinfektor. 1938, Heft 11.

— Zerstörungen von Papierwaren durch Silberfischchen (Lepismatiden) und deren Bekämpfung. Anz. f. Schädlingskunde. **14**. S. 37—42. 1938.

— Pseudoparasitismus und Pseudoparasiten. Ztschr. f. hyg. Zool. **30**. S. 353—359. 1938.

— Über Lipoptena cervi L. und über die Wirkung ihrer Stiche (Dipt. Pupipara). Z. Parasitenkunde, **19**. S. 410—418. 1938.

— Zur hygienischen Bedeutung der parasitären Haus- und Vogelwanzen sowie über Wanzenpopulationen und Wanzenkreuzungen. Z. Parasitenkunde **10**. S. 1—30. 1938.

— Über den Pinienprozessionsspinner und über die Gefährlichkeit seiner Raupenhaare (Thaumatopoea pitycampa Schiff.). Anz. f. Schädlingskunde **15**. S. 133 bis 142. 1939.

H e c h t, O.: Die Hautreaktionen auf den Stich von Anopheles maculipennis (Diptera, Culicidae). Anz. f. Schädlingsk. **5**. S. 117—119. 1929.

— Über Insektenstiche. Dermat. Wochenschr. **88**. S. 793—848. 1929.

— Die Hautreaktionen auf Insektenstiche als allergische Erscheinungen. Zool. Anz. **87**. S. 94—109, 145—157 und 231—246. 1930.

— Hautreaktionen auf die Stiche blutsaugender Insekten und Milben als allergische Erscheinungen. Ztrbl. f. Haut- u. Geschlechtskrankheiten. **44**. S. 241—255. 1933.

H e r f s, A.: Dermestiden als Schädlinge an Wolltextilien. Melliand Textilberichte 1932, Nr. 5, 6 u. 7.
— Fressen Kleidermotten Kunstseide? Daselbst 1935, Nr. 1.
— Insektenschäden an Kunstseide. Daselbst 1936, Nr. 9 und 10.
H o r n, W.: Über Insekten, die Bleimäntel von Luftkabeln durchbohren. Arch. f. Post u. Telegraphie 1933, Nr. 7. S. 165—190.
— Ein zweiter Beitrag über Insekten, welche Blei, besonders Bleimäntel von Luftkabeln, durchbohren. Arb. physiol. u. angew. Entom. a. Berlin-Dahlem, **1**. S. 291 bis 300. 1934.
— Ein dritter Beitrag über Insekten, welche Bleimäntel von Luftkabeln durchbohren, nebst Bemerkungen über ähnliche Beschädigungen durch Vögel (und Eichhörnchen). Daselbst **4**. S. 265—279. 1937.
— Welcher Käfer beschädigt die Bleimäntel unserer Luftkabel? D. Umschau **43**. S. 102—103. 1939.
K e m p e r, H.: Beobachtungen über den Stech- und Saugakt der Bettwanze und seine Wirkung auf die menschliche Haut. Ztschr. f. Desinfektion **21**. S. 61—67. 1929.
— Beobachtung über die Wirkung von Insektenstichen. Arch. f. Dermatol. und Syphilis **161**. S. 127—145. 1930.
— Die Pelz- und Textilschädlinge und ihre Bekämpfung. Leipzig 1935.
— Über die Anfälligkeit verschiedener Pelzsorten gegenüber Mottenfraß. Anz. f. Schädlingskunde. **12**. S. 1—6. 1936.
— Die Bettwanze und ihre Bekämpfung, Leipzig 1936.
— Beobachtungen über die Biologie der Hausgrille (Gryllus domesticus L.). Ztschr. f. hyg. Zool. **29**. S. 69—86. 1937.
— Zur Biologie des Kugelkäfers. (Gibbium psylloides Czemp). Daselbst **30**. S. 97 bis 105. 1938.
— Über den Saftkäfer (Carpophilus hemipterus L.) . Daselbst **30**. S. 345—353. 1938.
— Die Nahrungs- und Genußmittelschädlinge und ihre Bekämpfung. Leipzig 1939.
— Hausschädlinge als Bewohner von Vogelnestern. Z. f. hyg. Zool. **30**. S. 227—236. 269—274. 291—296. 1938.
K ö n i g, W.: Biologische Studien über Ptinus tectus Boield. Ztschr. f. wiss. Zool. (A) **148**. S. 556—599. 1936.
K u n i k e, G.: Beiträge zur Kenntnis der Gattung Anthrenus (Coleoptera-Dermestidae). Verh. d. VII. intern. Kongr. f. Entom. Bd. IV, S. 2833—2839. 1938.
L e h m e n s i c k und L i e b e r s: Die Oberflächenstruktur von Motteneiern als Bestimmungsmerkmal. Z. angew. Entom. **24**. S. 436—447. 1938.
L e p e s m e. P.: Contribution à l'étude systématique et biologique des Dermestes nuisibles (Coleoptera. Dermestidae). Verh. des VII. intern. Kongr. f. Entom. Bd. IV, S. 2842—2855. 1938.
L ö w e n f e l d, W.: Provokation von Psoriasis durch Bisse tierischer Parasiten. Med. Klin. **20**. S. 746—747. 1924.
M a d e l. W.: Drogenschädlinge, ihre Erkennung und Bekämpfung. Berlin 1938.
M o h r, Erna: Die freilebenden Nagetiere Deutschlands, Jena 1938.
P a p p e n h e i m. E.: Beitrag zur Kenntnis der Oberflächenstruktur von Motteneiern. Z. hyg. Zool. **30**. S. 240—243. 1938.
P e u s. Fr.: Thysanopteren (Fransenflügler) als stechende Insekten. Z. hyg. Zool. **28**. S. 97—99. 1936.
— Stechende Thysanopteren (Fransenflügler). Z. hyg. Zool. **28**. S. 225—227. 1936.
— Die Flöhe. Leipzig 1938.
— Die Stechmückenplage und ihre Bekämpfung. Z. hyg. Zool. **31**. S. 102—125. 1939.
T e u w s e n, E., und C. S c h u l z e: Fährten und Spuren. Neudamm 1936.
T i t s c h a c k, E.: Beiträge zu einer Monographie der Kleidermotte, Tineola biselliella. Ztschr. f. techn. Biol. **10**. S. 1—168. 1922.
— Untersuchungen über das Wachstum, den Nahrungsverbrauch und die Eierzeugung III Cimex lectularius L. Z. Morph. u. Oekol. d. Tiere. **17**. S. 471—551. 1930
V o g l e r, C. H.: Über die Haare der Anthrenuslarven. Wochenschr. f. Entom. III. Bd. **1**. S. 533—538, 549—554, 565—567. 1896.
W e i d n e r, H.: Beiträge zu einer Monographie der Raupen mit Gifthaaren. Ztschr. f. angew. Entom. **23**. S. 432—484. 1936.
— Beiträge zum Ungezieferwahn, Anz. f. Schädlingskunde **12**. S. 14—15. 1936.
— Bestimmungstabellen der Vorratsschädlinge und des Hausungeziefers Mitteleuropas. Jena 1937.

— Über bemerkenswertes Auftreten von Hausungeziefer und Vorratsschädlingen in Hamburg. Ztschr. f. hyg. Zool. **30.** S. 78—83. 1938.
Wilhelmi, J.: Die Kriebelmückenplage. Jena 1920.
Wilhelmi, J. u. Th. Saling: Stand und Aufgaben der Simuliidenforschung. Z. wiss. Zool. 132. S. 329—354. 1928.
Wilhelmi, J.: Ungezieferwahn. D. medizinische Welt 1935 Nr. 10.
Weiß. H. B. und R. H. Carruthers: Insect Ennemies of Books, New York 1937.
Wendt, A.: Beitrag zur Kenntnis der Verbreitung und Lebensweise der Schwalbenwanze (Oeciacus hirundinis Jen.) in Mecklenburg. Arch. d. Freunde d. Naturgesch. in Mecklenburg, N. F. **14.** S. 71—94. 1939.
Wille, J.: Biologie und Bekämpfung der deutschen Schabe (Phyllodromia germanica L.) Monogr z angew. Entom. Nr. 5. Berlin 1920.
Zacher, Fr.: Die Vorrats-, Speicher- und Materialschädlinge und ihre Bekämpfung. Berlin 1927.
— Haltung und Züchtung von Vorratsschädlingen. In Abderhalden, Handb. d. biol. Arbeitsmethoden. Berlin 1933.

## Verzeichnis der berücksichtigten Tiere

| | Seite |
|---|---|
| Acanthoscelides obsoletus | 41 |
| Anthocoris kingi | 16 |
| Anthrenus scrophulariae | 9, 10, 11, 21, 28, 50 |
| — museorum | 55, 57 |
| — verbasci | 9, 11, 21, 55, 57 |
| Ameisen | 14, 33, 65 |
| Amerikanische Schabe | 49, 50 |
| Anobien | 30, 44 |
| Anobium punctatum | 30, 57 |
| Anopheles maculipennis | 58 |
| Aphomia gularis | 54 |
| Argas columbarum | 14 |
| Attagenus pellio | 21, 22, 23, 28, 50, 57 |
| — piceus | 21, 55, 57 |
| Australischer Diebskäfer | 41 |
| „Beiß" | 15 |
| Bettwanze | 13, 14, 15, 17, 45, 51, 56, 68 |
| Bienen | 14 |
| Blatta orientalis, vgl. Küchenschabe | |
| Brasilbohnenkäfer | 41 |
| Bremsen | 14, 15 |
| Brotkäfer | 27, 29, 37, 40, 41, 61, 63 |
| Bruchus atomarius | 41 |
| — lentis | 40 |
| — pisorum | 40 |
| — rufimanus | 41 |
| Borkhausenia pseudospretella | 54 |
| Bücherlaus | 27 |
| Calandra granaria | 36 |
| — oryzae | 36 |
| Calliphora erythrocephala | 39, 60 |
| — vomitoria | 39 |
| Camponotus herculaneus | 33 |
| — ligniperda | 33 |
| Carpoglyphus lactis | 36 |
| Carpophilus | 41 |
| Ceratopogoniden | 16 |
| Ctenocephalus canis | 14 |
| Cimex lectularius vgl. Bettwanze | |
| Copeognatha | 27 |
| Corynetes | 39 |
| Crataerrhina pallida | 16 |
| Culex pipiens, vgl. Stechmücke | |
| Culicoides | 16 |
| Dattelmotte | 54 |
| Dermanyssus | 15 |
| Dermestiden, vgl. Speckkäfer | |
| Dermestes lardarius | 50 |
| — peruvianus | 50, 56 |
| — vulpinus | 50 |
| Deutsche Schabe | 55 |
| Diebskäfer | 28, 29, 59, 62 |
| Dörrobstmotte | 35, 41, 54, 57 |

| | Seite |
|---|---|
| Endrosis lacteella | 54 |
| Ephestia cautella | 54 |
| — elutella, vgl. Kakaomotte | |
| — kühniella, vgl. Mehlmotte | |
| Epimys norvegicus, vgl. Wanderratte | |
| — rattus, vgl. Hausratte | |
| Erbsenkäfer | 35, 40 |
| Erntemilben | 15 |
| Fannia | 61 |
| Federlinge | 53 |
| Fensterspinne | 48 |
| Fichtenholzwespe | 31 |
| Fiebermücke | 58 |
| Filzlaus | 14, 15, 52 |
| Flechtlinge | 27 |
| Fliegen | 9, 48 |
| Flöhe | 14, 15, 49 |
| Fransenflügler | 16 |
| „Geflügelte Bettwanze" | 16 |
| Gelechiidae | 61 |
| Getreidemotte | 37 |
| Gibbium psylloides, vgl. Kugelkäfer | |
| Glyciphagus cadaverum | 36 |
| — domesticus | 36 |
| Gnathocerus cornutus | 58 |
| Gnitzen | 16 |
| Goldafter | 15 |
| Goldfliegen | 39 |
| Gracilia minuta | 33 |
| Gryllus domesticus, vgl. Heimchen | |
| Haarlinge | 53 |
| Hadena basilinea | 36 |
| Hausbock | 30, 32, 43, 67 |
| Hausgrille, vgl. Heimchen | |
| Hausmaus | 38, 67 |
| Hausmilbe | 36, 68 |
| Hausratte | 42 |
| Hausschabe | 55, 68 |
| Hausspinne | 48 |
| Heimchen | 24, 26, 28, 67 |
| Herbstmilben | 15 |
| Heu- oder Kakaomotte | 54 |
| Hippobosca equina | 16 |
| Hohltiere | 15 |
| Holzbock | 15 |
| Holzwespen | 31, 34, 43, 44 |
| Hornisse | 14 |
| Hummeln | 14 |
| Hundefloh | 14 |
| Hylotrupes bajulus | 30, 32, 43, 67 |
| Ixodes ricinus | 15 |

| | Seite |
|---|---|
| **K**abinettkäfer, vgl. Anthrenen | |
| Kakaomotte | 35, 54 |
| Käsefliege | 39, 61 |
| Käsemilbe | 36 |
| Khaprakäfer | 9, 10, 11, 36, 37 |
| Kiefernholzwespe | 31 |
| Kleiderlaus | 14, 47, 49, 51, 52, 57 |
| Kleidermotte | 13 |
| | 14, 15, 18, 20, 28, 53, 54, 57, 61 |
| Kleine Stubenfliege | 61 |
| Kleiner Tabakkäfer | 61 |
| Kleistermotte | 54 |
| Klopfkäfer | 30 |
| Kolbenkäfer | 39 |
| Kopflaus | 14, 15, 52 |
| Kornkäfer | 35. 36, 37 |
| Kornmotte | 34, 44, 61 |
| Kräuterdieb, vgl. Diebskäfer | |
| Kriebelmücken | 16 |
| Küchenschabe | 49, 55 |
| Kugelbauchmilbe | 15 |
| Kugelkäfer | 24, 37, 59 |
| **L**asioderma serricorne | 61 |
| Lasius | 33, 66 |
| Laufmilben | 15 |
| Lepisma saccharina, vgl. Silberfischchen | |
| Leptus autumnalis | 15 |
| Limothrips cerealium | 16 |
| — dentricosus | 16 |
| Linsenkäfer | 40 |
| Lipoptena cervi | 16 |
| Liposcelis divinatorius | 27 |
| Lucilia caesar | 39 |
| — sericata | 39 |
| Lyctocoris campestris | 16 |
| Lyctus linearis | 31 |
| **M**allophagen | 53 |
| Mäuse | 9 |
| | 24, 28, 33, 37, 39, 41, 49, 51, 67, 68 |
| Mauerseglerlausfliege | 16 |
| Mehlkäfer | 24, 28, 57 |
| Mehlmilbe | 36 |
| Mehlmotte | 28, 35, 44, 54, 55, 57, 63 |
| Mehlzünsler | 54 |
| Melophagus ovinus | 16 |
| Menschenfloh | 14 |
| Messingkäfer | 20 |
| | 22, 23, 24, 28, 37, 59, 61, 62 |
| Milben | 15, 35, 41, 63 |
| Moderkäfer | 41 |
| Mücken | 9 |
| Musca domestica | 48, 61 |
| Mus musculus | 42 |
| **N**ecrobia sp. | 39, 61 |
| Nestermotte | 54 |
| Niptus hololeucus, vgl. Messingkäfer | |
| Notonecta glauca | 14 |

| | Seite |
|---|---|
| **O**eciacus hirundinis | 16, 56 |
| **P**aururus juvencus | 31 |
| Parkettkäfer | 31, 32, 44 |
| Pediculoides ventricosus | 16 |
| Pediculus corporis | 52 |
| Pelzkäfer, vgl. Attagenus | |
| Pelzmotte | 54, 59 |
| Periplaneta americana | 49, 55 |
| Pferdebohnenkäfer | 41 |
| Pferdeläuse | 52 |
| Pferdelausfliege | 16 |
| Phyllodromia germanica | 55 |
| Piophila casei | 39. 61 |
| Plodia interpunctella, vgl. Dörrobstmotte | |
| Pochkäfer, vgl. Anobien | |
| Prozessionspinner | 15 |
| Ptinus fur | 24, 28, 59, 62 |
| — tectus | 28, 41, 59, 62 |
| Pulex irritans | 14 |
| Pyralidae | 61 |
| Pyralis farinalis | 54 |
| **Q**uallen | 15 |
| Queckeneule | 36 |
| **R**asenameise | 33, 66 |
| Ratten | 9 |
| | 24, 28. 33, 37, 38, 39, 41, 63, 66, 67 |
| Reduvius personatus | 16 |
| Rehlausfliege | 16 |
| Reiskäfer | 36 |
| Reismehlkäfer | 58, 68 |
| Riesenameise | 33 |
| Riesenholzwespe | 31 |
| Roßameise | 33 |
| Rückenschwimmer | 14 |
| **S**aftkäfer | 41 |
| Samenmotte | 54 |
| Samenzünsler | 54 |
| Saubohnenkäfer | 40 |
| Schaben | 26, 28, 49, 55, 58, 63 |
| Schaflausfliege | 16 |
| Schinkenkäfer | 39, 61 |
| Schmeißfliege | 26, 28, 49, 55, 58, 67 |
| Schwalbenwanze | 16, 56 |
| Schwarzer Getreidenager | 28, 37, 44 |
| Silberfischchen | 10, 11, 22, 26, 29, 49 |
| Simuliidae | 16 |
| Sirex gigas | 31 |
| Sitotroga cerealella | 37 |
| Speckkäfer | 16, 24, 28, 34. 39, 43, 50, 57 |
| Speisebohnenkäfer | 41 |
| Spinnen | 48 |
| Splintholzkäfer | 31 |
| Stachelbeermilbe | 15 |
| Staubwanze | 16 |
| Stechfliege | 14, 15, 48, 61 |
| Stechmücken | 14, 15, 55, 58, 60, 67 |
| Stegobium paniceum, vgl. Brotkäfer | |

## Die Spuren der Gesundheits- und Wohnungsschädlinge ...

| | Seite |
|---|---|
| Stomoxys calcitrans | 14, 61 |
| Stubenfliege | 48, 61 |
| **Tabaniden,** vgl. Bremsen | |
| Tapetenmotte | 19 |
| Taster -oder Palpenmotte | 61 |
| Taubenzecke | 14, 15, 17 |
| Tausendfüßler | 14 |
| Tegenaria | 48 |
| Tenebrioides mauretanicus | 28, 37, 44 |
| Tenebrio molitor | 24, 57 |
| Tenebrionidae | 57 |
| Teppichkäfer, vgl. Anthrenen | |
| Theobaldia annulata | 58 |
| Thysanoptera | 16 |
| Tierläuse | 52 |
| Tinea fuscipunctella | 54 |
| — granella | 34, 44, 61 |
| — pellionella | 54, 59 |
| Tineola biselliella, vgl. Kleidermotte | |
| Totenuhr | 30 |
| Tribolium navale | 58 |

| | Seite |
|---|---|
| Trichodectes memphitidis | 53 |
| Trichophaga tapetiella | 19 |
| Tripheps insidiosus | 16 |
| Trogoderma granarium, vgl. Khaprakäfer | |
| Trombidiiden | 15 |
| Tyroglyphus farinae | 36 |
| Tyrolichus casei | 36 |
| **V**ierhornkäfer | 58 |
| **W**anderratte | 42, 47, 50, 64 |
| Wasserwanzen | 14 |
| Weidenböckchen | 33, 34 |
| Weizeneule | 36 |
| Wespen | 14, 65 67 |
| Wollkrautblütenkäfer, vgl. Anthrenus verbasci | |
| **Z**abrotes subfasciatus | 41 |
| Zünsler | 35, 53, 58, 61 |
| Zuckergast, vgl. Silberfischchen | |

Printed by Libri Plureos GmbH
in Hamburg, Germany